环境艺术/园林景观设计专业系列教材

景观快题设计手绘表现

Drawing Course for Landscape Design

主　编　李国涛

副主编　邱 蒙　高奥奇　周秀琳

東華大學出版社 · 上海

图书在版编目（C I P）数据

景观快题设计手绘表现/李国涛主编．——上海：东华大学出版社，2017.9

ISBN 978-7-5669-1277-0

I.①景… II.①李… III.①景观设计-绘画技法 IV.①TU986.2

中国版本图书馆CIP数据核字（2017）第212001号

责任编辑：谢　未
装帧设计：王　丽

景观快题设计手绘表现

Jingguan Kuaiti Sheji Shouhui Biaoxian

主　编：李国涛
副主编：邱 蒙　高奥奇　周秀琳
出　版：东华大学出版社
（上海市延安西路1882号　邮政编码：200051）
出版社网址：http://www.dhupress.net
天猫旗舰店：http://dhdx.tmall.com
营销中心：021-62193056　62373056　62379558
印　刷：深圳市彩之欣印刷有限公司
开　本：889 mm×1194 mm　1/16
印　张：9
字　数：317千字
版　次：2017年9月第1版
印　次：2017年9月第1次印刷
书　号：ISBN 978-7-5669-1277-0
定　价：58.00元

前 言

景观设计是一门由自然景观和园林规划设计构成、以表现区域内某一具体形态在其设计过程中包含的一定地域文化内涵以及审美价值的学科。主要服务于城市景观设计、居住区景观设计及滨水绿地规划设计等。

本书是以景观设计知识为主，并辅以手绘进行概念设计，对景观设计的知识做了图文并茂的讲解，以便在满足景观设计方案的同时又补齐景观设计中手绘表现不足的短板，让学者能够对景观设计有更深入的了解。

此书的完成，感谢同济大学邱蒙、资深景观设计师高奥奇、浙江大学周秀琳老师的帮助，感谢他们在繁忙的工作、学习中能把自己多年积累的景观设计经验和知识不吝分享，感谢江西服装学院领导和老师在各方面的帮助，以及吴梦珊、刘珍妮、许赜略和武汉“绘世界手绘”等提供大量的优秀手绘作品和高分考研快题方案。

本书在编写过程中参考了大量的著作、期刊、学报及网络资料，在此，我们向各位作者致以深深的谢意。由于时间仓促，加之编者水平有限，书中难免出现错漏和不足，请广大读者批评指正。

作 者

2017 年 8 月

目 录

第1章 景观快题设计基础知识

1.1 常用工具

在景观方案设计过程中，最开始的方式就是徒手表达和设计，即景观快题设计，这也是景观快题考试常用的方式。比起模型制作和电脑绘图，徒手设计更为快捷，绘图工具也便于携带，更重要的是通过这种方式充分调动了手、脑、眼的积极性，使之相互协调、相互激发，是展现设计灵感最初始也是最快的手法。

1. 绘图笔

铅笔、针管笔、马克笔、彩铅是快速设计中最常用的工具。此外，炭笔、钢笔、水彩、水粉、色粉等也较为常用。每种工具都有自己的特点，每个人也各有喜好，只要用着顺手，工具本身并无绝对的优劣之分，但是要注意某种工具可能更适合某个阶段的工作。例如，草图阶段可以写意奔放，而正图则需工整严谨，由此对工具的运用也有所区别。下面详细介绍各种绘图笔的特点（图 1-1）。

铅笔：根据铅芯中石墨含量的多少，绘图铅笔可分为 H 和 B 两种型号，其中 H 型包括 1H-6H 六种硬性铅笔，B 型包括 1B-8B 八种软性铅笔；HB 型颜色、粗细和软硬均适中，为中性铅笔。很多专业人员喜欢使用软性铅笔，以寻求细腻的变化，其中最常用的为 HB、2B、4B、6B、8B。软硬不同的铅笔表现出来的线条、色质、色调是有变化的，在方案草图起稿时，运用适宜的铅笔对丰富画面效果、表达设计理念起到非常重要的作用（图 1-2、图 1-3）。

针管笔：针管笔是绘制图纸的基本工具之一，能绘制出均匀一致的线条。笔身是钢笔状，笔头是长约 2cm 中空钢制圆环，里面藏着一根活动细钢针，上下摆动针管笔，能及时清除堵塞笔头的纸纤维。从使用寿命来分类，主要有一次性和普通性之分，建议应试时使用一次性针管笔，因为普通针管笔容易出现下水不畅或者跑水现象；从针管笔针管管径的大小来分，针管笔有不同粗细，其针管管径有从 0.05～2.0mm 的各种不同规格，在设计制图中至少应备有细、中、粗三种不同粗细的针管笔（图 1-4）。在绘图过程中，针管笔的主要优点为线条均匀工整，粗细表现灵活；主要缺点为色彩单一，不易修改。

钢笔：绘图中运用较多的主要有普通钢笔和美工笔，美工笔是借助笔头倾斜度制造粗细线条效果的特制钢笔。艺术美工笔有一般用法，又有特殊用法。它可以像一般钢笔一样书写，又可以把笔尖立起来用，画出的线条细密；把笔尖卧下来用，画出的线段则宽厚。在绘图过程中，钢笔的主要优点为线条灵活流畅，艺术感强；主要缺点为较难掌握，不易修改，成本较

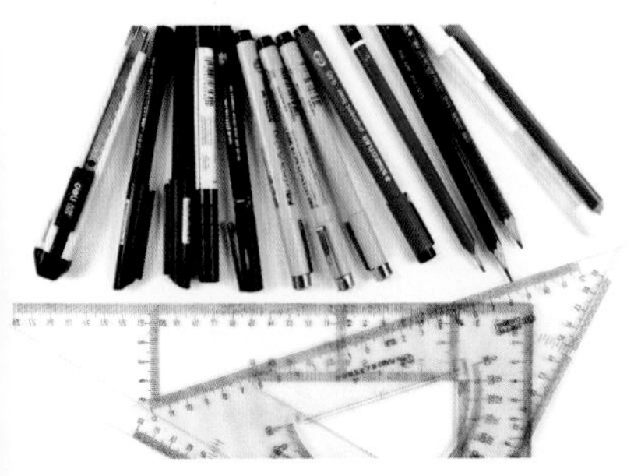

图 1-1 常用工具

图 1-2、图 1-3 铅笔

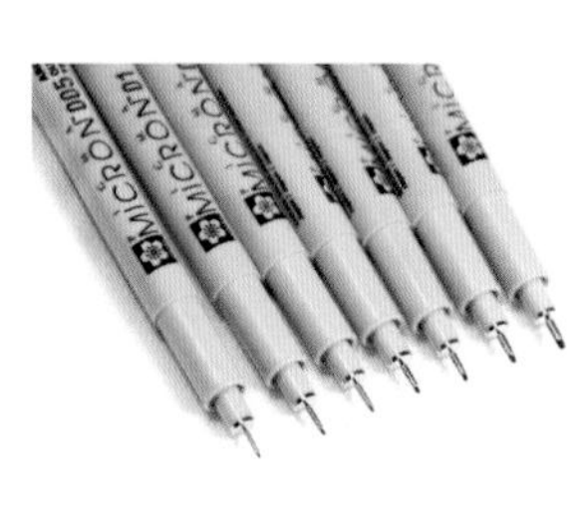

图 1-4 针管笔

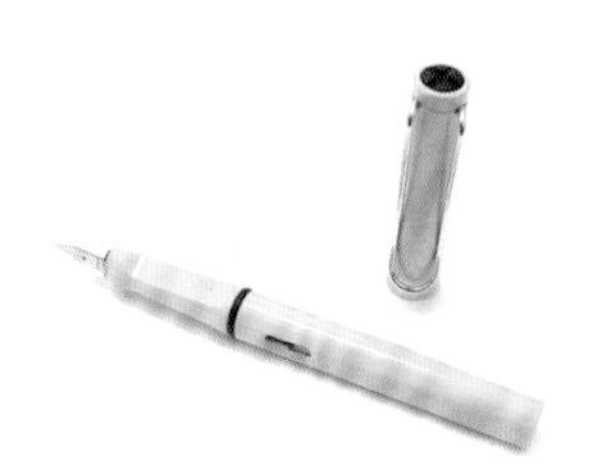

图 1-5 钢笔

图 1-6 美工钢笔

图 1-7 中性笔

图 1-8 圆珠笔

高（图 1-5、图 1-6）。

中性笔：中性笔又称啫喱笔、滑珠笔、滚珠笔或走珠笔，是一种使用滚珠原理的笔，笔芯内装水性或胶状墨水，与内装油性墨水的圆珠笔大不相同，书写介质的黏度介于水性和油性之间，中性笔价格便宜，颜色多样（图 1-7、图 1-8）。在绘图过程中，中性笔的主要优点为线条流畅，价格便宜；主要缺点为后续上色时容易晕开，不易修改。

彩色铅笔：是一种非常容易掌握的涂色工具，画出来的效果类似于铅笔。颜色多种多样，效果较淡，清新简单，大多便于被橡皮擦去。彩色铅笔主要分为两种，一种是水溶性彩色铅笔（可溶于水），另一种是不溶性彩色铅笔（不能溶于水）（图 1-9、图 1-10）。

图 1-9 彩色铅笔

图 1-10 水性彩色铅笔

毡头笔：以人工纤维做笔尖，出水均匀，主要有马克笔、毡尖笔等多种类型，其中马克笔是目前最流行的表现工具。马克笔，又名记号笔，是一种书写或绘画专用的绘图彩色笔，本身含有墨水，且通常附有笔盖，一般拥有坚硬笔头。马克笔的颜料具有易挥发性，用于一次性的快速绘图，可画出变化不大的、较粗的线条。现在的马克笔还有分为水性和油性的墨水，水性的墨水类似彩色笔，不含油精成分，油性的墨水因为含有油精成分，故味道比较刺激，而且较容易挥发（图 1-11、图 1-12）。在绘图过程中，马克笔的主要优点是色彩丰富，线条流畅，适合大面积作图；主要缺点是不易修改，较难掌握，成本较高。

图 1-11 油性马克笔

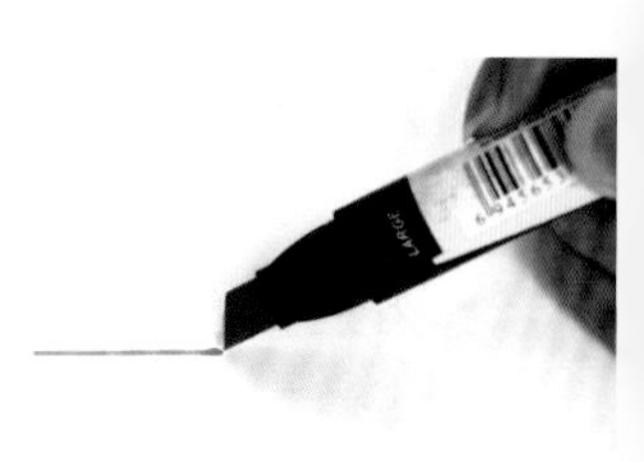
图 1-12 马克笔握笔方式

2. 绘图纸

普通的绘图纸 / 色纸：普通绘图纸主要作为绘制工程图、机械图、地形图等用途。质地紧密而强韧，半透明，无光泽，尘埃度小。具有优良的耐擦性、耐磨性、耐折性。适于铅笔、墨汁笔等书写工具。而色纸则是在普通绘图纸的基础上又加以各种可以选择的颜色（图 1-13、图 1-14）。

硫酸纸：硫酸纸又称制版硫酸转印纸，主要用于印刷制版业，具有纸质纯净、强度高、透明好、不变形、耐日晒、耐高温、抗老化等特点（图 1-15）。

坐标纸：最常见的坐标纸就是笛卡尔坐标系也就是直角坐标系的坐标纸，通称小方格纸（图 1-16）。

图 1-13 绘图纸

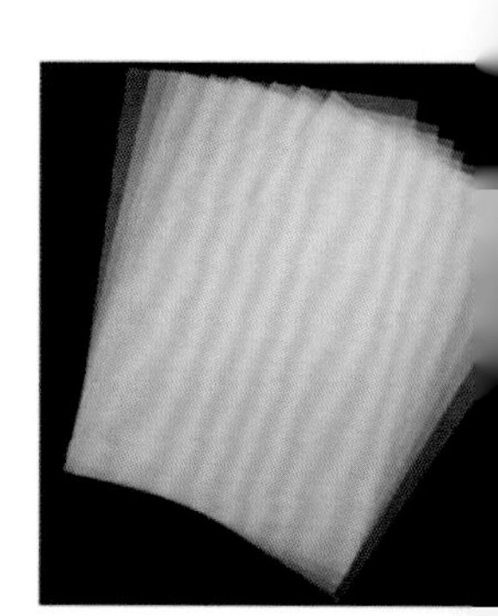
图 1-16 硫酸纸

图 1-14 色纸（色卡纸）

图 1-15 坐标纸（网格纸）

图 1-17 丁字尺（T 形尺）

图 1-18 60 ~ 120cm 丁字尺

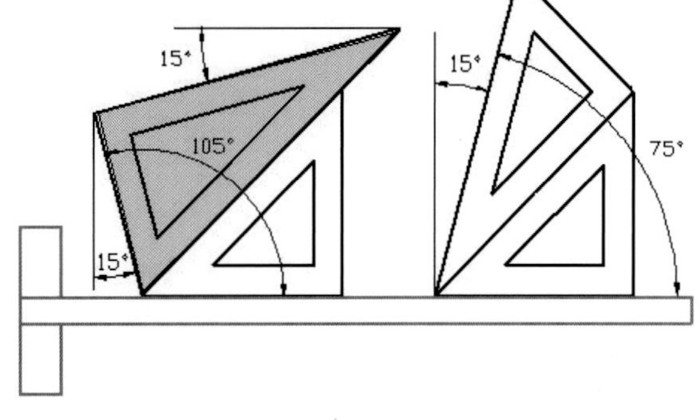

图 1-19 三角板使用方法

3. 作图尺规

丁字尺：又称 T 形尺，为一端有横档的“丁”字形直尺，由互相垂直的尺头和尺身构成，一般采用透明有机玻璃制作，常在工程设计中绘制图纸时配合绘图板使用。丁字尺为画水平线和配合三角板作图的工具，一般可直接用于画平行线或用作三角板的支撑物来画与直尺成各种角度的直线（图 1-17、图 1-18）。

三角板：三角板是学数学、量角度的主要作图工具之一。每副三角板由两个特殊的直角三角形组成。一个是等腰直角三角板，另一个是特殊角的直角三角板（锐角为 30° 和 60°），作图时主要用来绘制垂直线和规则角，在绘图时将其紧靠在丁字尺上。为避免上墨时弄污图面，可以在尺子下面黏上厚纸片（图 1-19、图 1-20）。

直尺：用来绘制直线，通过均匀平移可以绘制一组平行线，虽然绘制平行线比较理想的工具是滑轮一字尺、丁字尺或滚筒尺，不过对于快速设计和草图设计，由于时间紧张，要求的成果又是概念性的，表达上不必十分精确，可以用直尺绘制水平线和垂线（图 1-21、图 1-22）。

平行尺：主要用于绘制平行线，量取方位度数（图 1-23、图 1-24）。

比例尺：有两种，一种是断面呈三角形的，一般有 6 套刻度，每一刻度对应着一种比例；还有一种是直尺形的，携带更方便。在方案的不同阶段，比例尺的使用频度也不相同：在功能分区时即泡泡图阶段，主要理清各个功能区的相互位置与关系，可以不用比例尺；而在勾画草图阶段，需要在纸上一角标出图形比例尺，以便绘制元素时有所参照；在方案定稿阶段，为确保重要的功能元素如道路、建筑等所有的尺度都合理可行，要用比例尺（也可用直尺或三角板）精确画出。应试时往往只使用 1 ～ 2 种比例，可以在尺子上对应的位置用油性马克笔标出，便于快速查找（图 1-25、图 1-26）。

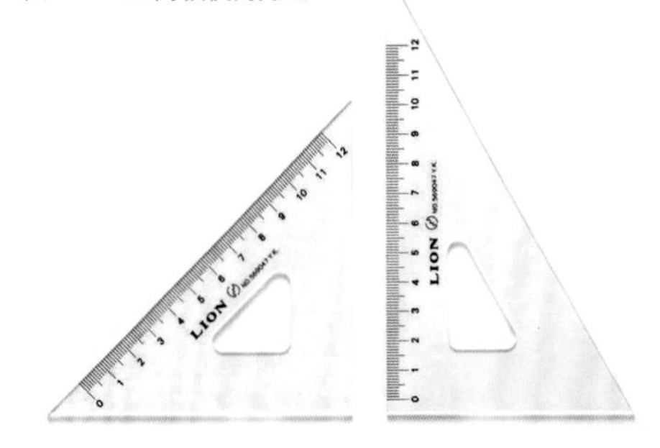

图 1-20 45°、30°、60° 三角板

图 1-21 塑料直尺

图 1-22 铝制直尺

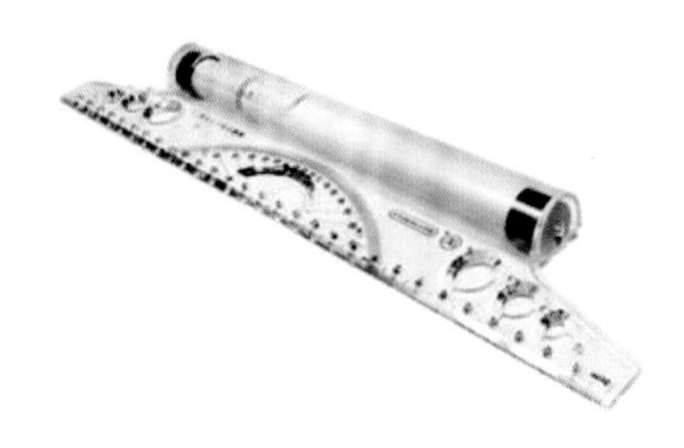

图 1-23 平行尺

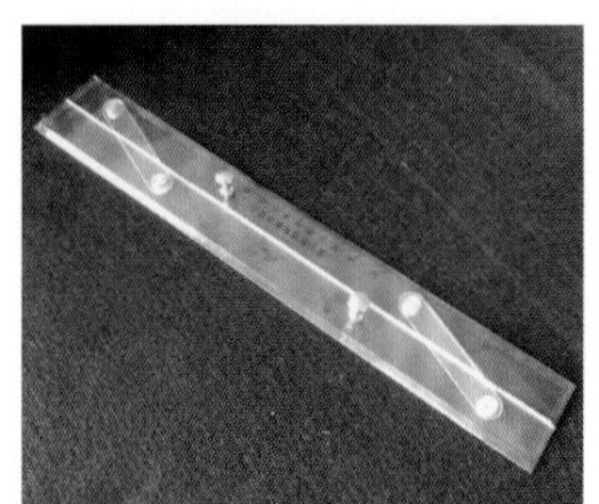

图 1-24 平行尺

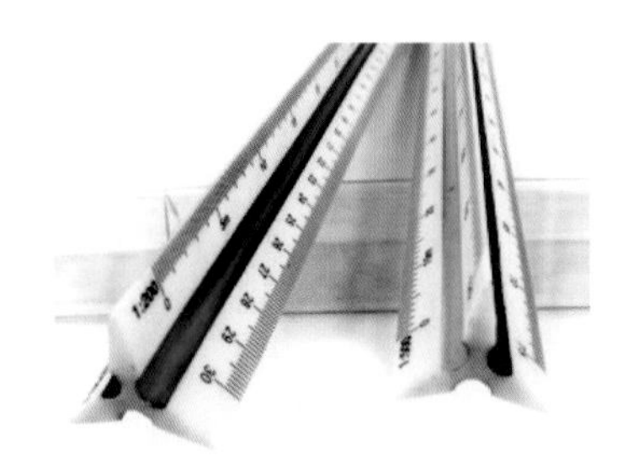

图 1-25 三棱比例尺

图 1-26 扇形比例尺（折叠比例尺）

蛇尺和曲线板：蛇尺，顾名思义，是可随意弯曲的软尺，用这种尺可以绘制出比较柔和圆润的线条。由于蛇尺一般较厚，对于转弯半径较小的弧线就无能为力了，这时就需要用曲线板或者徒手绘制了。曲线板上有多种弧度曲线，设计时所用的曲线往往比较复杂，需要利用曲线板上的多段曲线拼合而成，但要注意交接处应圆润，避免出现生硬的接头，与整个曲线不协调。在快题设计中，也可以完全徒手绘制曲线。在上正图时，根据草图确定的弧线弯曲程度可以先用铅笔画上关键点，然后用手悬空比画几次，觉得动作熟练后再落笔一次完成，画线过程中手要放松，即使稍有偏差也不必涂改，对于中小弧度曲线，建议以肘为轴运笔，长弧线和直线则以肩为轴，再配合手腕的放松拉动，就可以较好地完成。当然，要想画得好就需要平时多加练习，无论是采用哪种方式，都要让圆弧交接处平顺圆润，整个弧线挺括自然，避免出现凸角或者两线段间距太大的情况（图 1-27、图 1-28）。

圆板：对于景观设计而言，圆板是最为常用的，主要用来勾画平面图中的树冠轮廓，然后上色，也可以用来绘制轴测图中的卵形树冠参考线。圆规不常用，一般只有画很大的圆时才使用。对于常用的图例如树池、铺装和桌凳等，建议学习者收集整理几种简洁、美观的图例，勤加练习（图 1-29、图 1-30）。

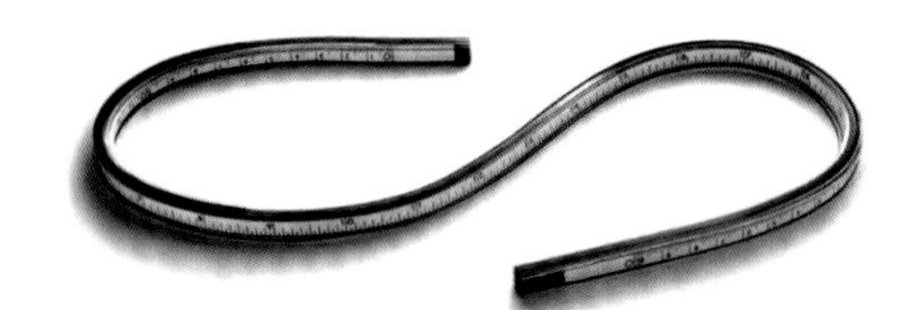

图 1-27 蛇形尺

图 1-28 曲线板

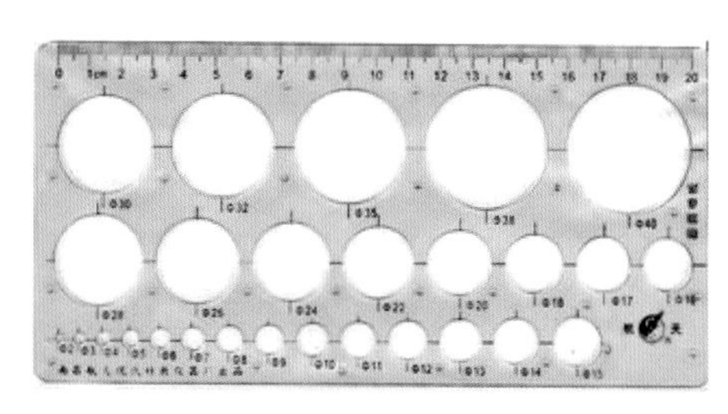

图 1-29 长方形画圆模板尺

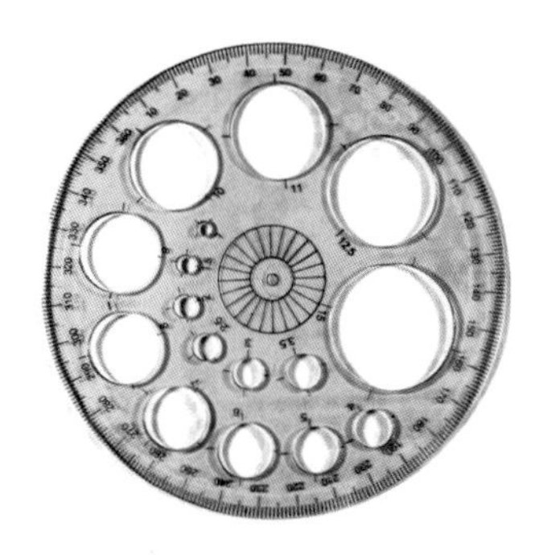

图 1-30 圆形画圆模板尺

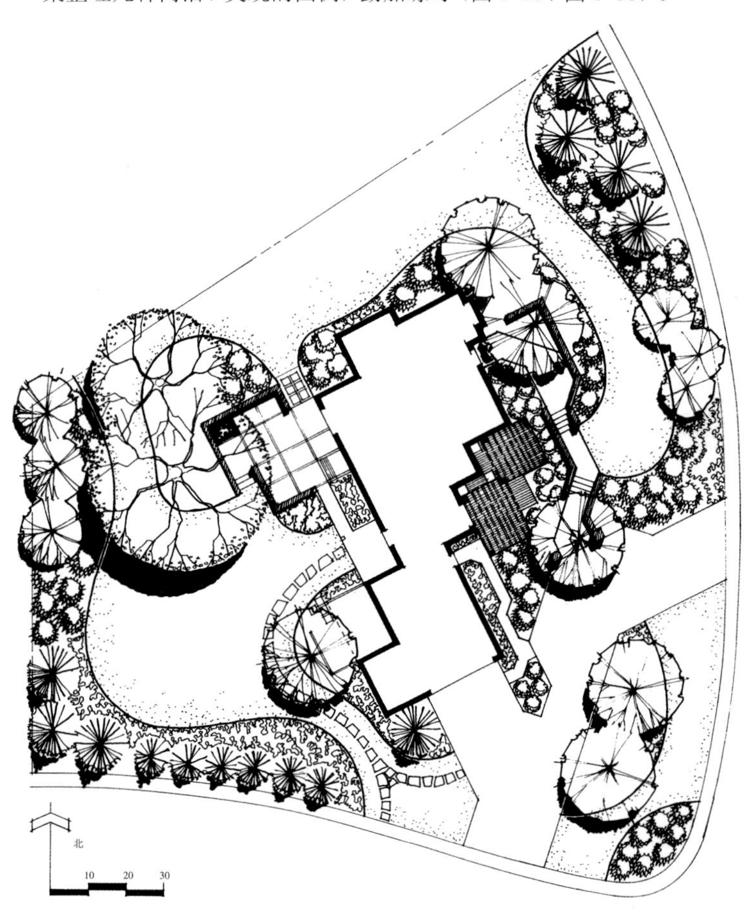

图 1-31 别墅总平面图一

1.2 图面设计与表现要点

1.2.1 总平面图

在快题设计中，总平面图是最重要的部分。因为场地的功能划分、空间布局、景观特点都可以在平面图上有详实的反映，在平面图上通过恰当的线宽区分和添加阴影，竖向要素也能清楚地呈现出来。在项目评审中，设计出身的专家都会对平面图仔细研究，从中发现问题；设计课老师在改图时也多从总平面图下手，审视功能与形式的关系（图 1-31 ～图 1-33）。

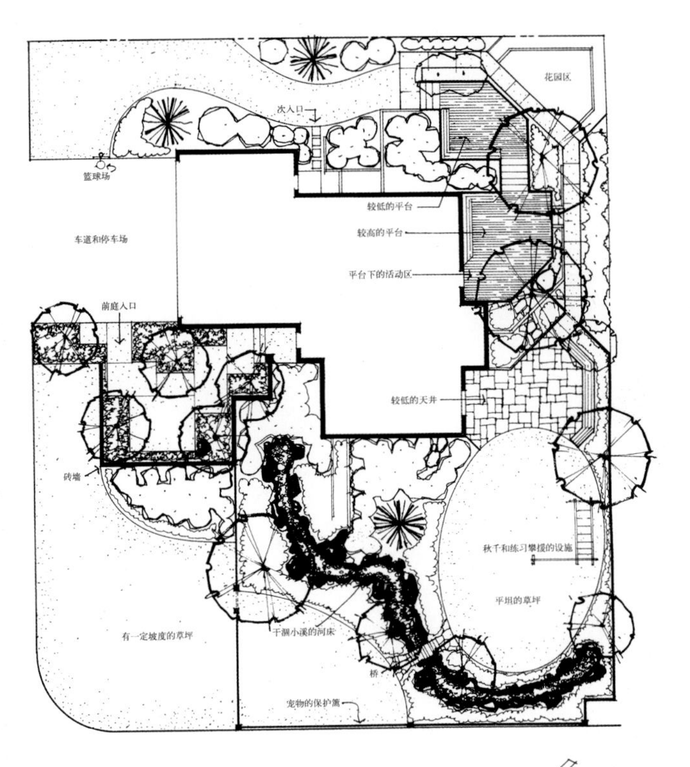

图 1–32 别墅总平面图二

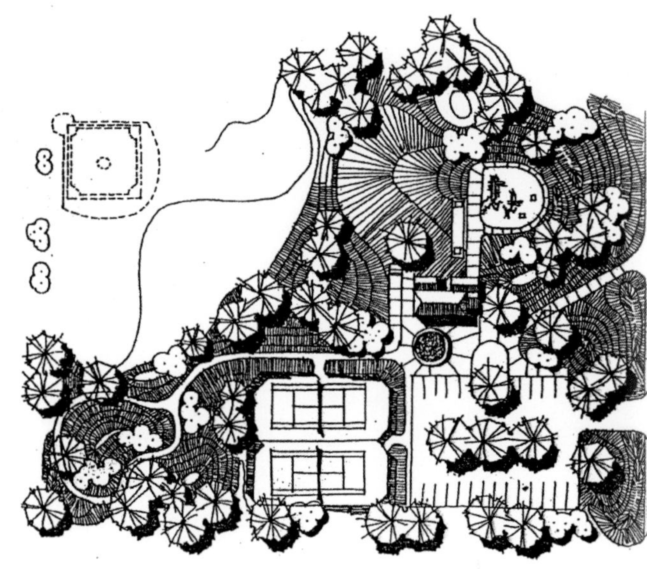

图 1–33 公园总平面图

对于应试者而言，平面图的重要性不言而喻，它在图纸上占的面积最大，位置最重要，也是最引人注意的部分，平面图设计和表现皆好的方案自然会脱颖而出，绘制总平面图应该清晰明了，突出设计意图，具体要注意以下几个方面：

1. 元素的表现要选用恰当的图例

所选图例不仅要美观，还要整洁，以便于绘制，其形状、线宽、颜色，以及明暗关系都应有合理的安排（图 1-34、图 1-35）。

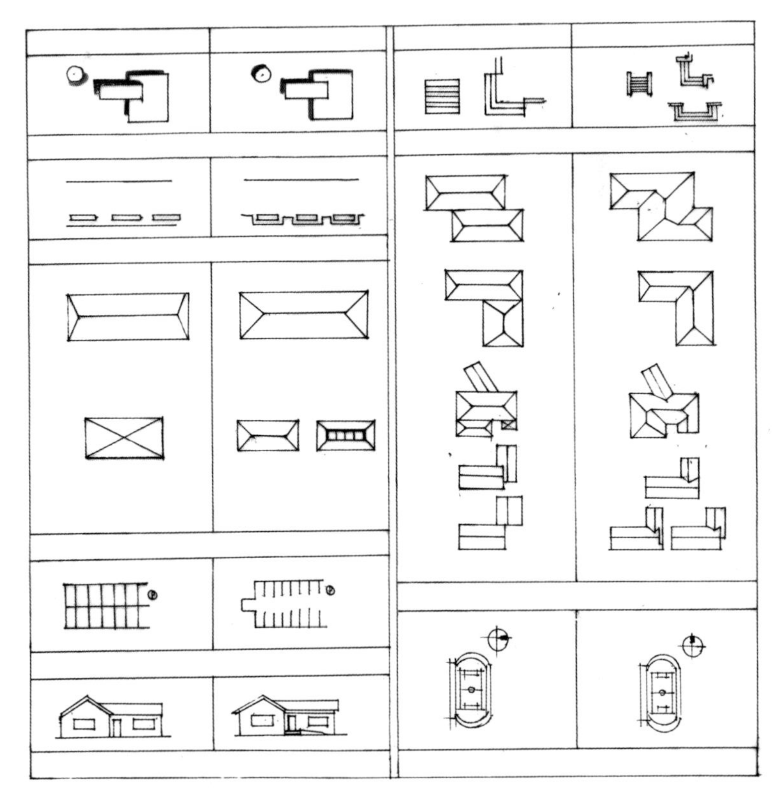

图 1–34 屋顶、场地示意图

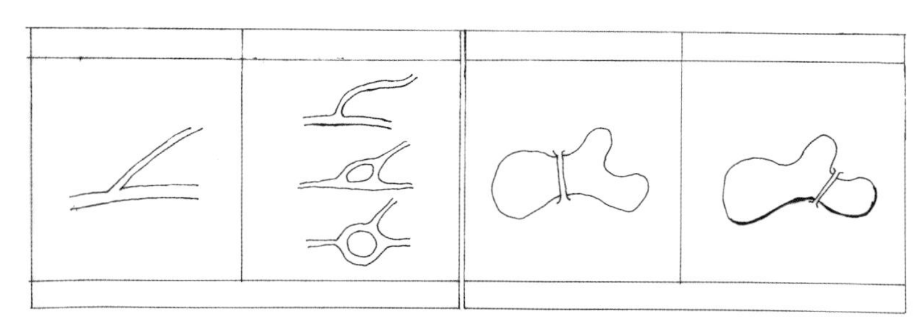

图 1-35 驳岸示意图

图 1-36 乔木投影

图 1-37 乔灌木投影

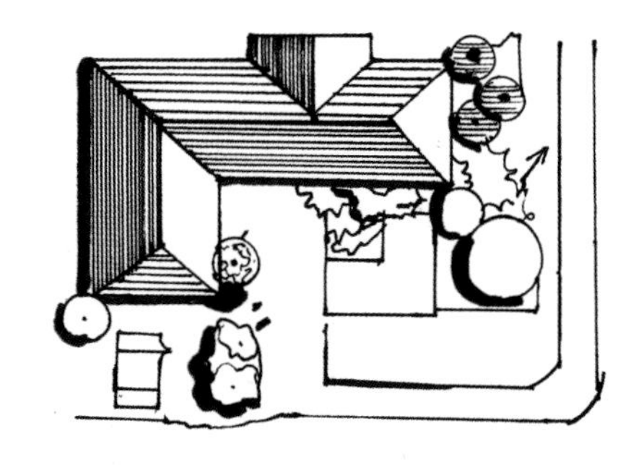

图 1-38 庭院投影

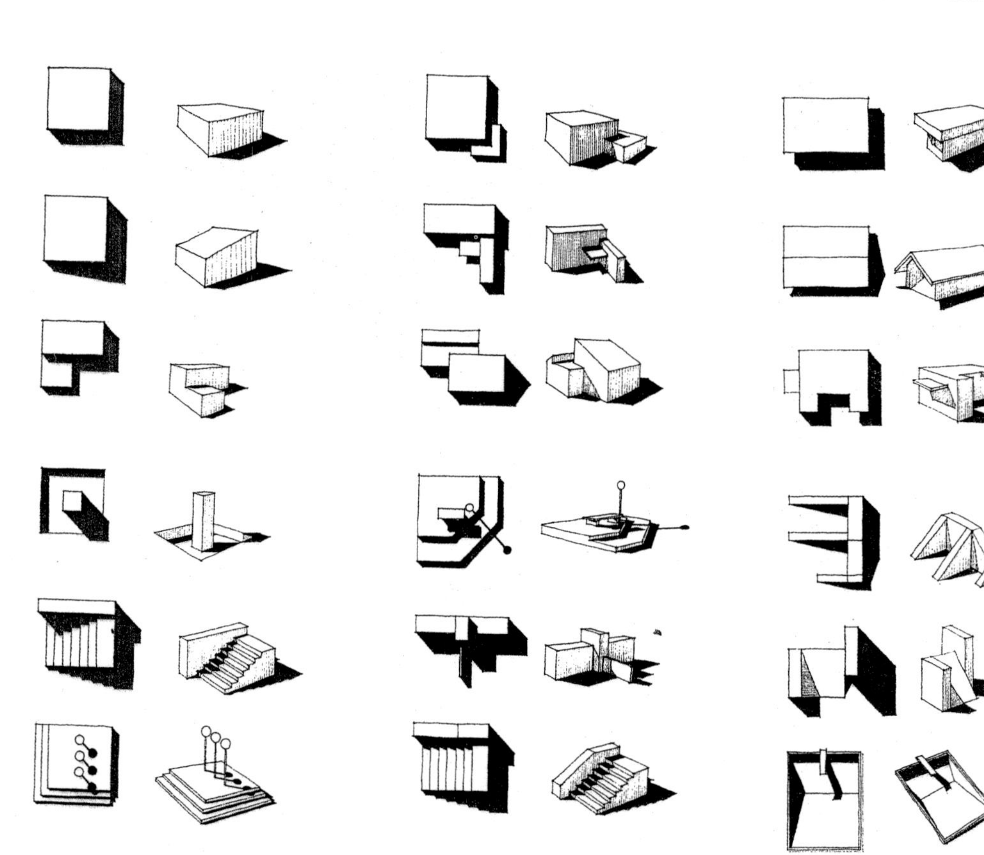

图 1-39 投影的画法

2. 平面图上也要层次分明，有立体感

平面图相当于从空中俯瞰场地，除了通过线宽、颜色和明暗来区分主次，还可在表现中通过上层元素遮挡下层元素，以及阴影来增加平面图的立体感和层次感，如图 1-36 ～图 1-38 所示的乔木遮挡灌木的画法。

画阴影时要注意图上的阴影方向一致。阴影一般采用斜 45° 角，北半球的阴影朝上（图纸上一般是上北下南）比较合乎常理。但是从人的视觉习惯看，阴影在图像的下面更有立体感，所以在一些书刊上出现阴影在下（南面）的情况也并非粗心马虎，而是为了取得更好的视觉效果。

一般来说，中小尺度的场地尤其在景观节点平面上增加阴影，这样可以清楚地表达出场地的三维空间特点，寥寥几笔阴影，费时不多，效果却很明显（图 1-39）。

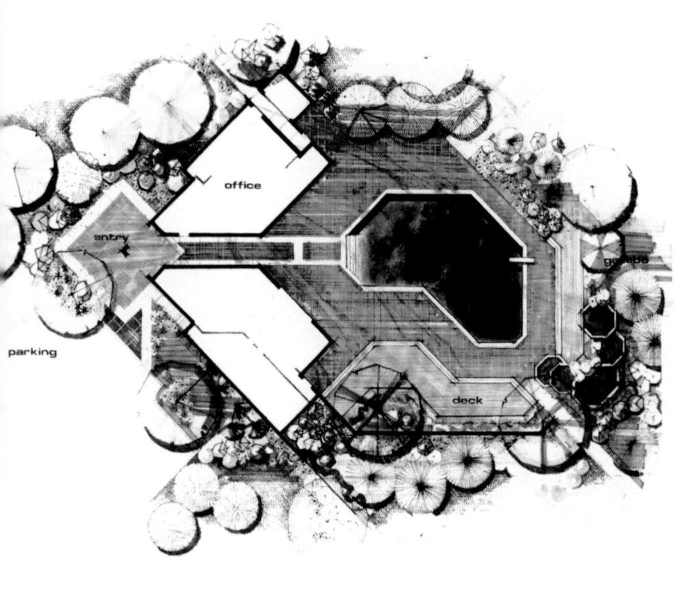

图 1-40 庭院彩色平面图

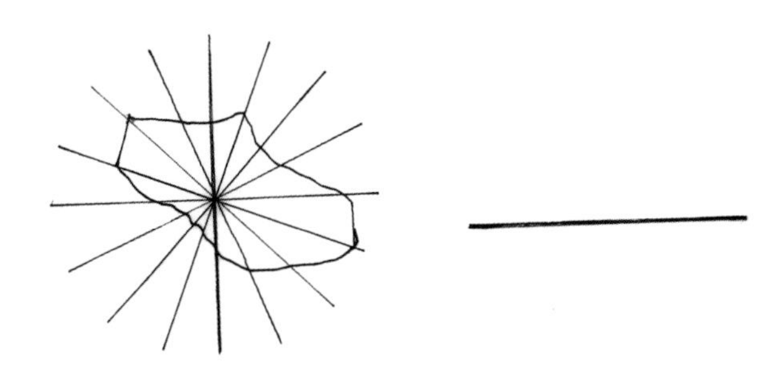

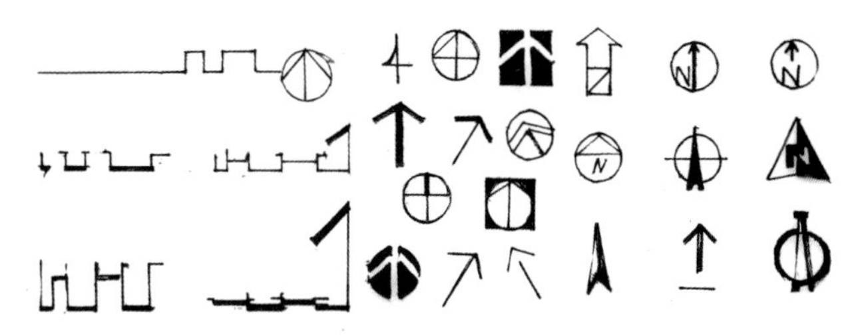

图 1-41 指北针和图形比例尺的画法

3. 主次分明，整体把握

图中的重要场地和元素的绘制要相对细致，而一般元素则用简明的方式绘制，以烘托重点并节约时间。一般来说，总图上能区分出乔灌木、常绿落叶即可，专项的种植设计需要详细些，甚至需要具体到树种。对于快题考试而言，重在考察种植的整体构思，大多不必详细标出树种，所以图上宜以颜色变化为主，辅以不同的轮廓、尺度来区分不同树木，对少数孤植树重点绘制。

在方案交流和快题考试中，彩色平面图是最常见的形式。通过色彩可以更好地区分平面上的不同元素，使图面更加生动形象，甚至逼真地表现出材质。有些设计者通过特定的颜色搭配能形成特别的氛围或者个人风格。

色彩与形状一样是最主要的造型要素，但是色彩给人的感觉更加强烈而直观。因此。总平面图的颜色搭配非常重要，关于颜色搭配的理论很多，如车弗雷尔(Chevreul)的色彩调和论、穆恩（Parry Moon）和斯宾赛（Dominant Eberle Spencer）的色彩调和论等。

彩铅上色一般由浅入深，平涂是稳妥的方法。有些块面不必全部涂满，可以有些退晕和留白。灰度图上最浅的一般为水面、铺装等，除了整个图上的元素有灰度上的变化，重要的单体元素上也要有灰度变化，以增加立体感，如主要乔木、水体、坡屋顶的不同坡面等。颜色选择的把握需要平时多加练习和尝试。设计方案不必非常写实（例如道路往往不上颜色），重在表达出空间构思。颜色选择关键是处理好局部与整体的关系(图 1-40）。

4. 内容全面，没有漏项

指北针、比例尺和图例说明一定不能忘记，要注意一般图纸都是以上方为北，即使倾斜也不宜超过 45°。指北针应该选择简洁美观的图例，比例尺有数字比例尺和图形比例尺两种，图形比例尺的优点在于图纸扩印或缩印时，仍与原图一起缩放，便于量算，一般在整比例(如 1 ∶ 100、1 ∶ 200、1 ∶ 300、1 ∶ 500 等）的图纸下面最好再标上数字比例尺，以便读者在查验尺度时转换。数字比例尺一般标在图名后面，图形比例尺一般标在指北针下方或者结合指北针来画。图 1-41 为常见的指北针和图形比例尺画法。

1.2.2 立面图与剖面图

建议画出最具代表性的立面图和剖面图。一些考生为了节约时间会选择最简单的立面图和剖面图，甚至在考前的热身练习中也如此避重就轻。实际上如果在构思平面图时就已经考虑到竖向上的划分，那么平面图定稿后，绘制复杂的立面图或者剖面图也不会花费很多时间。在紧张的快题考试中，平面图上常有表现不完全之处，或者在设计平面图时局部考虑不周。那么在绘制立面图和剖面图时可以弥补平面图上的不当或者不易表现之处（如有微小坡度的地形）。所以，可以把绘制立面图和剖面图看成是一次展现自己竖向构思的机会，如对高程、排水坡度的考虑，即使并不深入、点到为止，也能让评审人了解你的基本素养（图 1-42、图 1-43）。

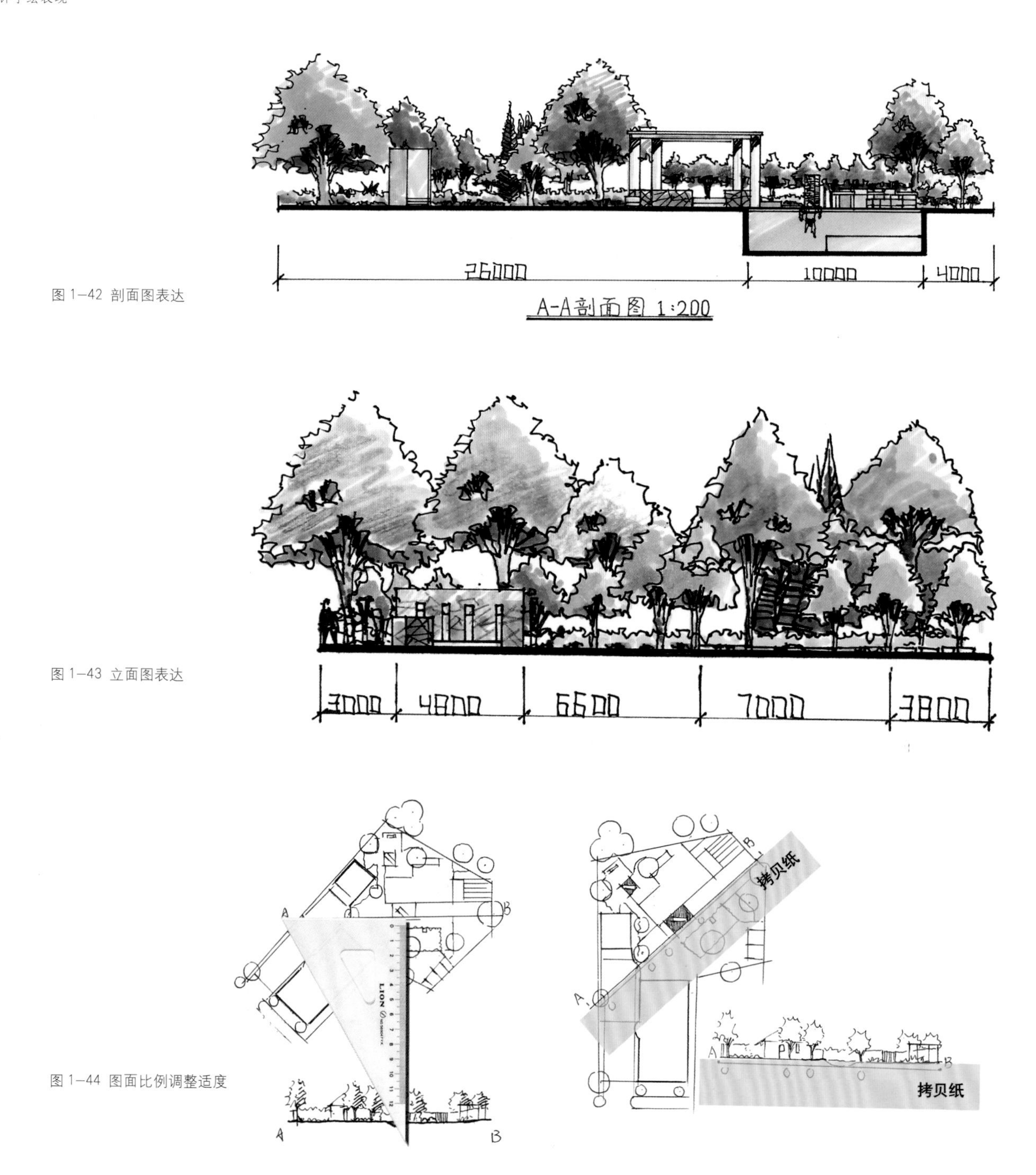

图 1–42 剖面图表达

图 1–43 立面图表达

图 1–44 图面比例调整适度

设计中理想的状态是平面图、立面图、剖面图同步进行、相互参照。然而，对于很多学习者而言，难以在短时间内把平面和竖向关系处理得面面俱到、滴水不漏，往往是经过简单的草图构思后，先画平面图再画立面图。这样在画剖面图时常常会发现平面图需要局部调整，但在时间紧张的考试中再回头改平面图已不可能，因此不防把调整和优化后的立面图和剖面图画出，只要与平面图出入不大即可，因为毕竟是一个概念性的方案，重要的是尽可能多方面地展示方案构思的优点和深度。

如果剖面线是斜向或者竖直的，显然不能为了省事，将剖面图和立面图绘制成斜的，或竖直的，这样做不符合看图习惯，可以采用下面这种方法：将白纸或者拷贝纸边缘放在剖面线上并标出水平距离参考点，参考点较多的可以增加文字或图形标记，这样比用尺量更快（图 1-44）。

在绘制局部立面图或剖面图时，又需要将比例放得较大才能表现清楚，如平面图时比例为 1 ： 1000，立面图则应该是 1 ： 500 或者更大。这种情况可以采用相似三角形的画法，比用尺子逐一测量再放大速度快。

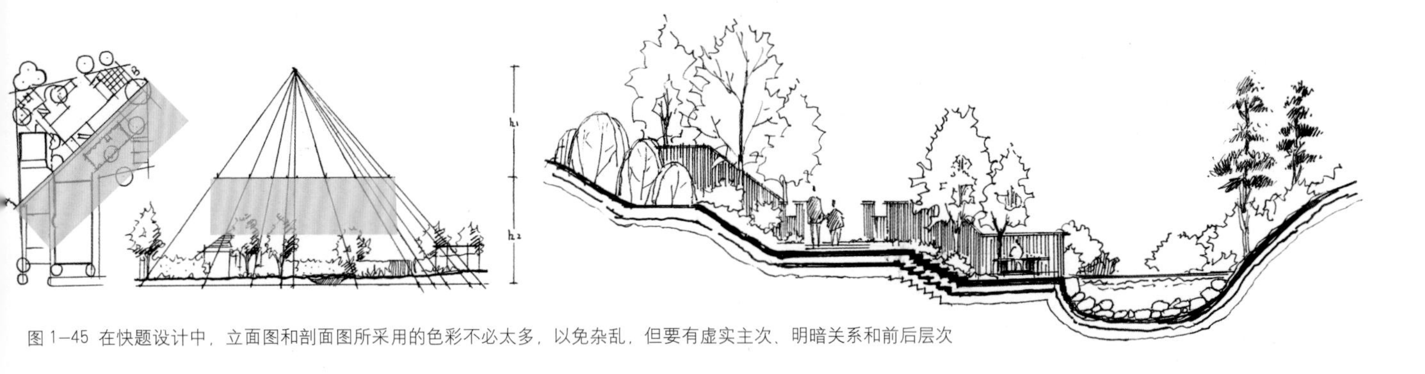

图 1–45 在快题设计中，立面图和剖面图所采用的色彩不必太多，以免杂乱，但要有虚实主次、明暗关系和前后层次

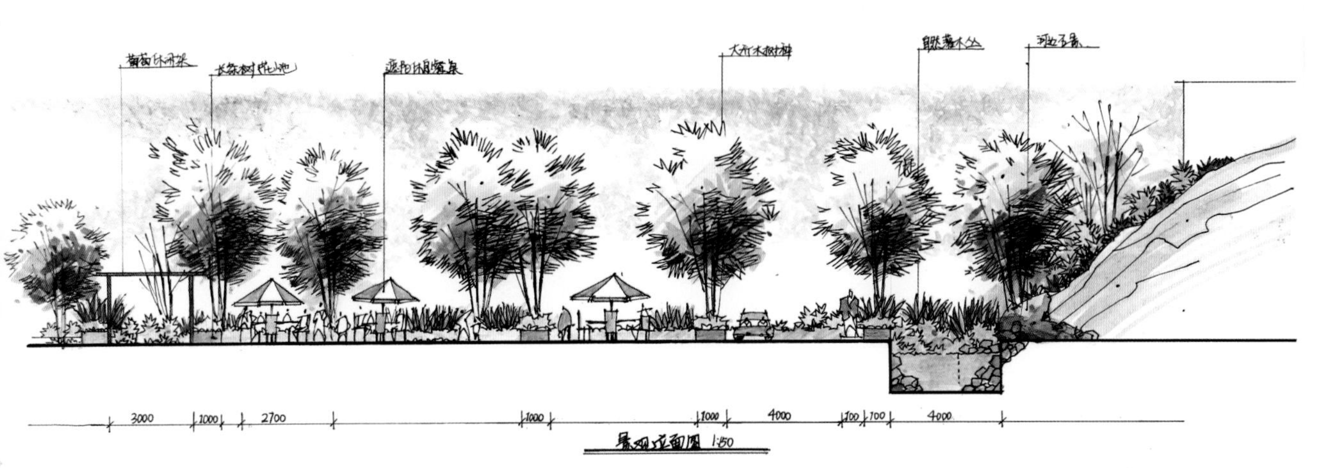

图 1–46 对于一些复杂的场地，还可以采用剖面透视来表现

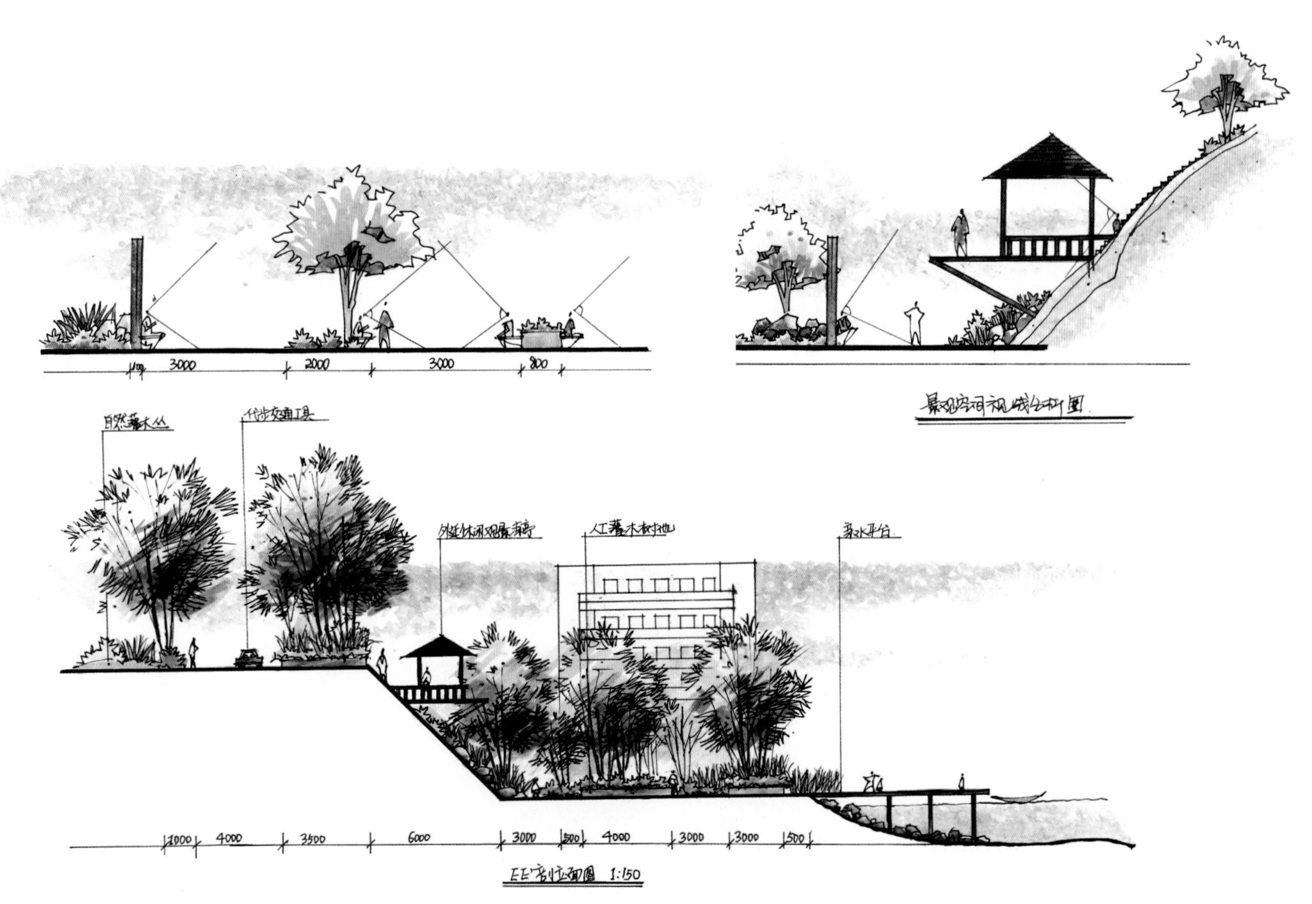

图 1–47 剖面图、立面图可采用剖面透视来表现

立面图、剖面图中还应注意加粗地面线、剖面线，被剖到的建筑物和构筑物剖面一样要用粗线表示，图上最好有 3 个以上的线宽等级，这点往往是非建筑学专业学生容易忽视的。考试时由于时间紧张，其他要素可以采用一支笔绘制，但最后别忘记立面图中的地面线、剖面图中的剖面线要加粗画出。

立面图和剖面图上的标注应该清晰有条理，对于重要的元素宜加上标高，这样可以反映出设计者对竖向有细致的考虑（图 1-45 ～图 1-47）。

1.2.3 轴侧图与透视图

1. 轴侧图

三维形式的成果可以直观地反映设计意图和建成后的景象，各种要素的水平关系和竖向关系都可以更形象地展现出来，这是对平面图的重要补充，也体现了设计者的素养与追求。对于快题考试而言，所有的图纸都要徒手绘制，三维图最能检验学习者的手头功夫，因此也是影响得分的重要因素。虽然广大学习者都能认识到这一点，但实际上做得却不好。其实在平时的练习中，尽管时间充裕，很多同学也没有认真揣摩如何针对方案构思来徒手绘制三维图。下面从简单的轴侧图开始讲解。

轴测图画法简单，可以从平面图快速得出，便于推敲方案和与他人交流，也是不少设计大师常用的表现方式（图 1-48、图 1-49）。

轴测图的画法是沿着平面图往上“立”竖向的线条，轴侧图上的尺度与场地、元素的真实大小的关系是固定的（由于轴侧很多，有些轴侧图三个方向尺度都是 1 ∶ 1 ∶ 1 的关系，而有些轴测图三个向度的比例不同，但物体上相互平行的线段在轴侧图上仍互相平行，物体上两平行线段或同一直线上的两线段长度之比在轴测图上保持不变），真实反映了三维空间的尺度关系。

当视点与场地距离较远时，轴侧图和鸟瞰图也很像，因此有的考生在轴侧草图的基础上加以变化，体现出近大远小的关系来代替鸟瞰图，效果与真正的鸟瞰图虽然有点差距，但是节约了不少时间；在时间紧张的情况下，更有考生直接将轴侧图作为鸟瞰图，笔者认为这也不失为一种办法，因为这种考卷给人的整体印象要比透视效果很糟的鸟瞰图好（图 1-50）。

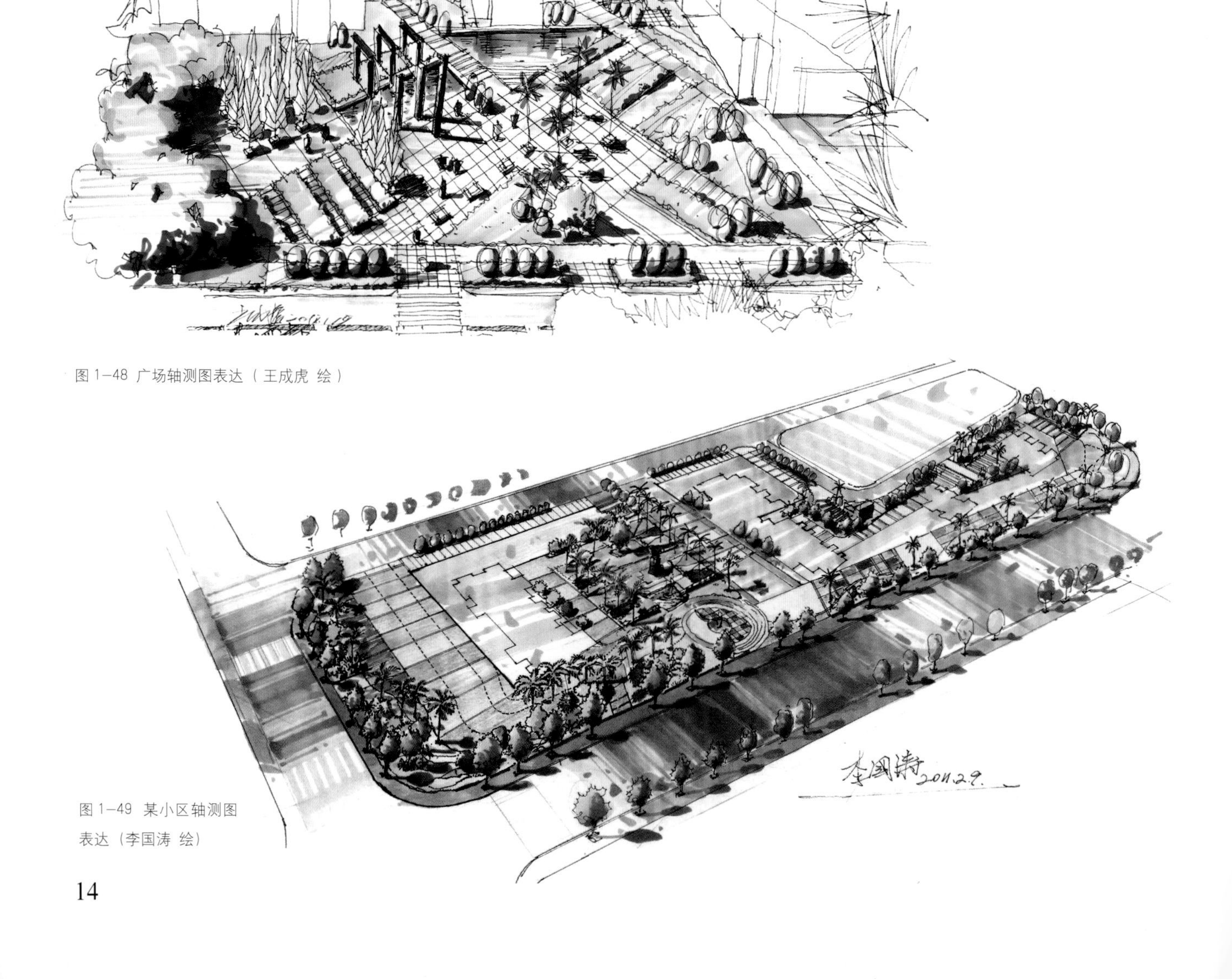

图 1-48 广场轴测图表达（王成虎 绘）

图 1-49 某小区轴测图表达（李国涛 绘）

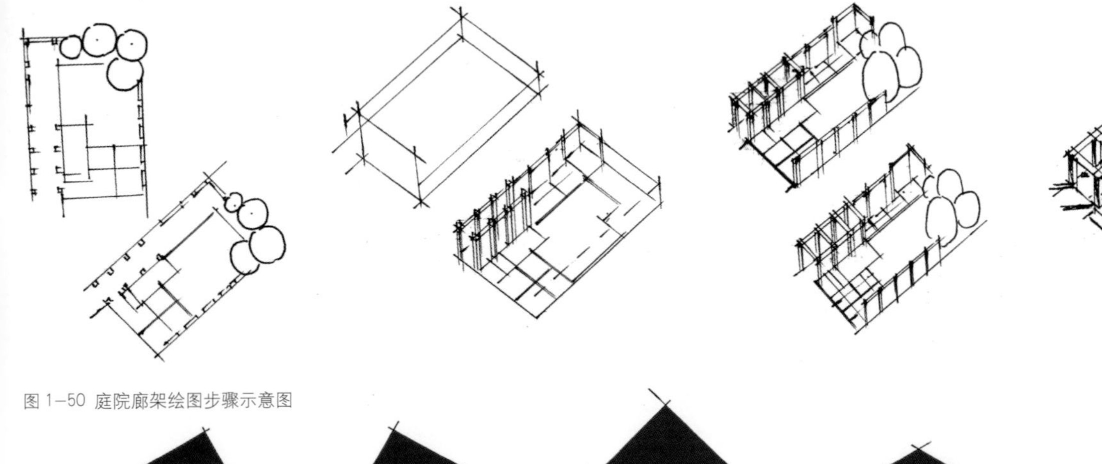

图 1–50 庭院廊架绘图步骤示意图

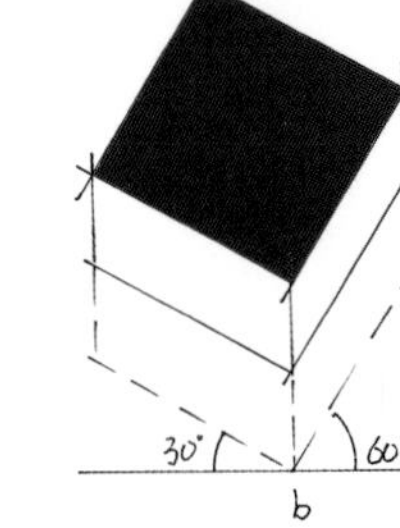

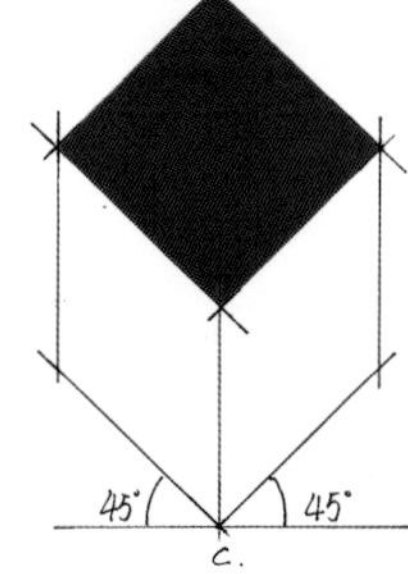

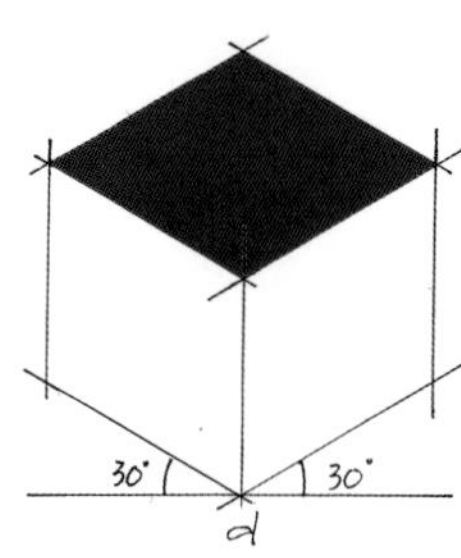

图 1–51 不同角度的轴测示意图

轴测图角度的选取要考虑视线方向和具体角度，视线的方向要充分表达设计意图，如果方向选择不当就会形成视线遮挡。具体角度的选取要考虑整体效果和可见度，常见的如 30° /60° 、60° /30° 、45° /45° 和 30° /30° 轴侧图等，但 45° 角容易使正方体元素的线条形成错觉（图 1-51 ～图 1-53）。

图 1–52 别墅庭院平面图

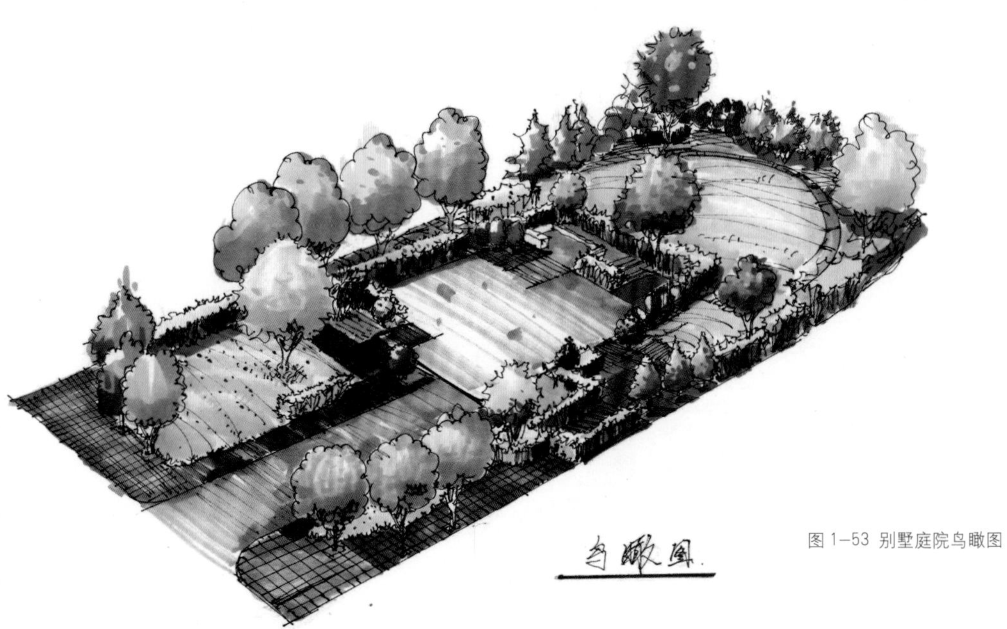

图 1–53 别墅庭院鸟瞰图

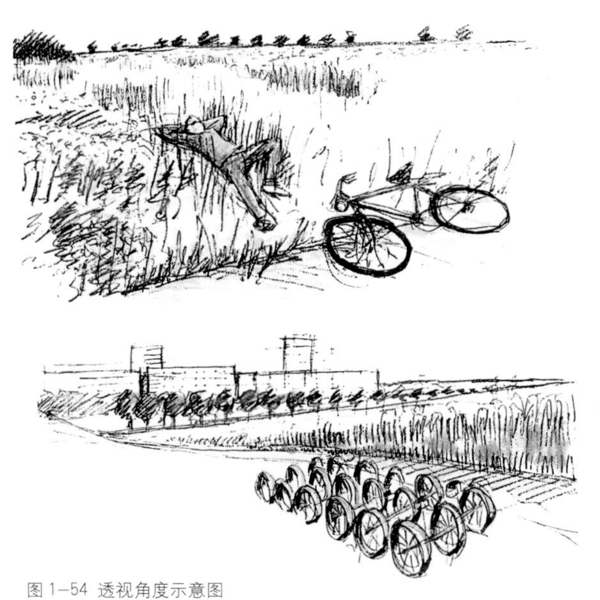

图 1-54 透视角度示意图

图 1-55 滨水广场鸟瞰图

2. 透视图

因为涉及透视的缩比、景深、虚实、构图，而且整个画面还要有生动的艺术效果，所以绘制透视图是广大学习者普遍感觉棘手的，但也最能体现作图者的设计修养和功底。比起轴测图、总平面图，透视图的主观发展性和自由度更大，好的透视图能给人以身临其境的感觉。透视图种类很多，按照视点高低有人视角、鸟瞰之分；按照主要元素与画面关系有一点透视、两点透视、三点透视之分（图 1-54 ～图 1-58）。

图 1-56 一点透视景观空间表达（阳方

图 1-57 一点斜透视景观空间表达（张蕊 绘）

图 1–58 两点透视景观空间表达（张蕊 绘）

图 1–59 纵深式空间透视图（赵国斌 绘）

绘制透视图时可以先采用小幅草图来推敲构图、空间层次、明暗关系、前景中景和后景，这样在选择视点位置、视线方向以及画面构图时就可以抓住重点，节约时间。

同样一个场地的透视图，由于画面上的虚实空间和元素布置的不同，会有截然不同的效果。在介绍具体的透视方法之前，有必要先了解透视图中的构图类型。下面以人视角透视图为例介绍。

（1）纵深式空间透视图（图 1-59、图 1-60）

图 1–60 广场入口（纵深式空间透视图，李国涛 绘）

（2）平远式空间透视图（图 1-61、图 1-62）

（3）斜向式空间透视图（图 1-63、图 1-64）

图 1-61 湖畔（平远式空间透视图）

图 1-62 小区水景（平远式空间透视图）

图 1-63 滨水景观（斜向式空间透视图）

图 1-64 街景景观（斜向式空间透视图）

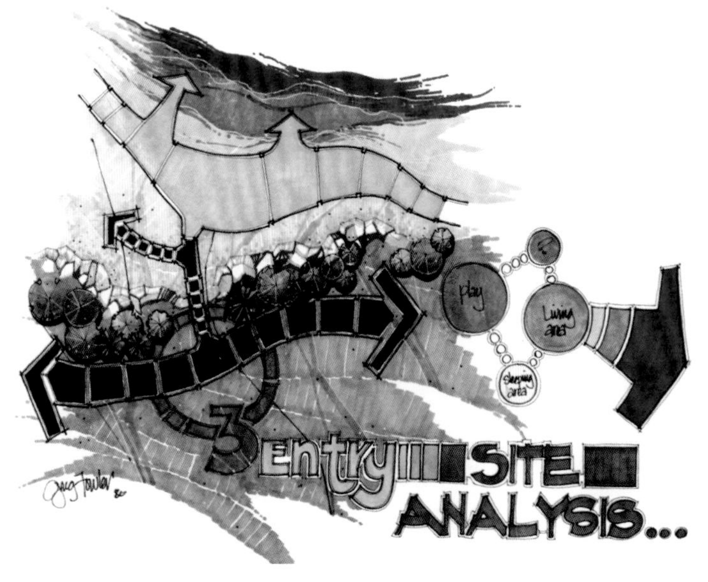

图 1-65 图示符号表达

1.2.4 分析图

在设计的不同阶段，分析图的作用和目的也不同。在设计初期，通过图示分析可以更清楚地了解各种因素的空间关系，将繁多的现状条件梳理清楚并找出重点，这种分析图是为了推进设计服务的。根据时间和面向对象的不同，分析图的形式可以比较工整也可以比较写意。在快速设计中，现状的分析图供设计者自己整理思路，常常和功能分区图等融合。

作为快速推进设计的手段，图示分析的形象与简洁程度也会影响设计思维，因此有经验的设计师在长期的设计经历中常会形成适合自己独有的图示符号。

还有一种分析图是在设计完成后，通过概括、精练的图示向他人展示场地的功能结构、交通流线等。为使看图者能迅速领会方案构思，这种分析图要非常清晰、概括地展示方案的优点和特征。在快题设计考试中，呈现给评审者的就是这种阐述方案优点的分析图（图 1-65）。

功能、流线和景观是需要图示分析的三个重要方面，快题设计中分析图的绘制原则应把握以下几条：

①提纲挈领，以最简练的图示语言表达出方案的框架结构，突出特点、优点，以彰显方案的合理性；

②图形工整，图例恰当并有明确的图例说明，分析图上要素简单，用工具辅助绘图不会耗时太多，却能取得明显的效果；

③色彩鲜明，能明显区分不同的元素，可以通过增加阴影或者三维画法增加视觉吸引力；

④分项说明，每张分析图上以一项或两项内容为主，其他背景元素适当弱化、简化，以突出想表达的主要内容，由于分析图张数较多，所以底图的简繁应得当，太繁无法突出主要因素，也比较耗时，太简单则交代不清。

常见的平面分析图有以下几种：

1. 功能分区图（图 1-66）

表现出主要的功能分区，以及每一模块在场地上的位置以及相互间的空间关系，有时与流线分析图整合在一张图上，以突出功能区之间的联系。

2. 视线 / 视廊分析图（图 1-67）

包括主要观景点的位置、观景方向和视域范围，开敞空间、半开敞空间、封闭空间的景观序列，不同视觉界面的起始位置等。

3. 交通流线分析图（图 1-68）

包括所有的交通流线、停靠点、换乘点和驻留点，并要交代清楚交通流线与各功能区的关系，诸如主要 / 次要游线、陆上 / 水上游线、停车场 / 码头 / 桥梁 / 空中栈道等都要标出，其他如厕所、服务点等设施也可以标记在本图上。

4. 绿化种植规划图（图 1-69、图 1-70）

主要包括种植类型与种植分区，种植与功能区、道路等的关系，以及软质景观、硬质景观的图底关系，还要突出种植形式的空间围合和划分效果。图上应能区分出乔木和灌木、常绿和落叶及不同的种植方式，如群植、孤植和行列式等。

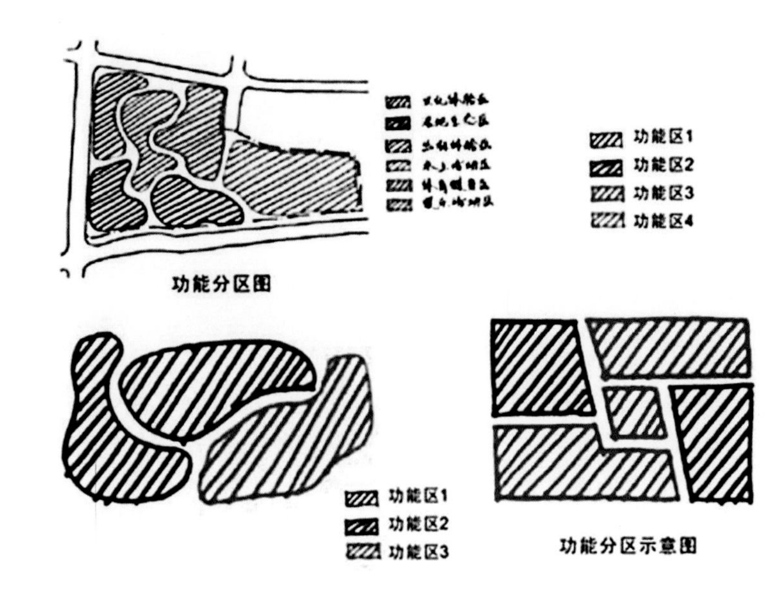

图 1–66 功能分区示意图

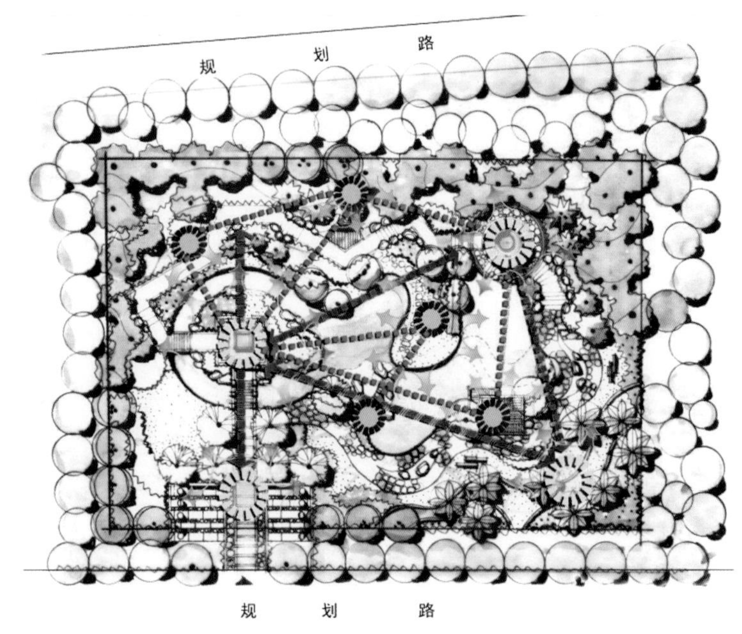

图 1–67 景观视线 / 视廊分析示意图

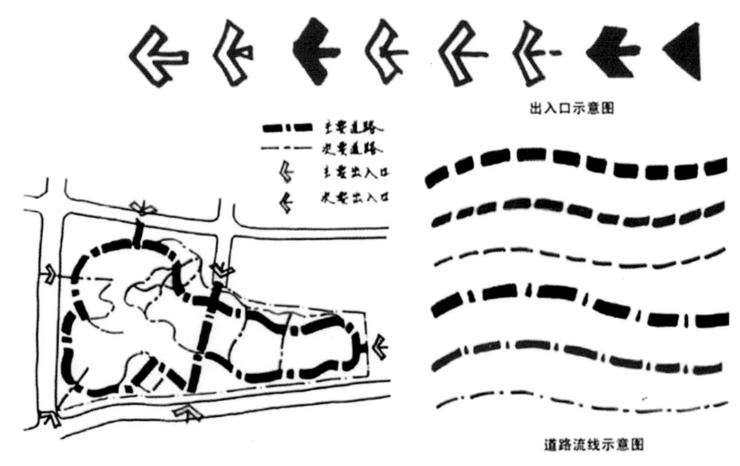

图 1–68 交通流线分析示意图

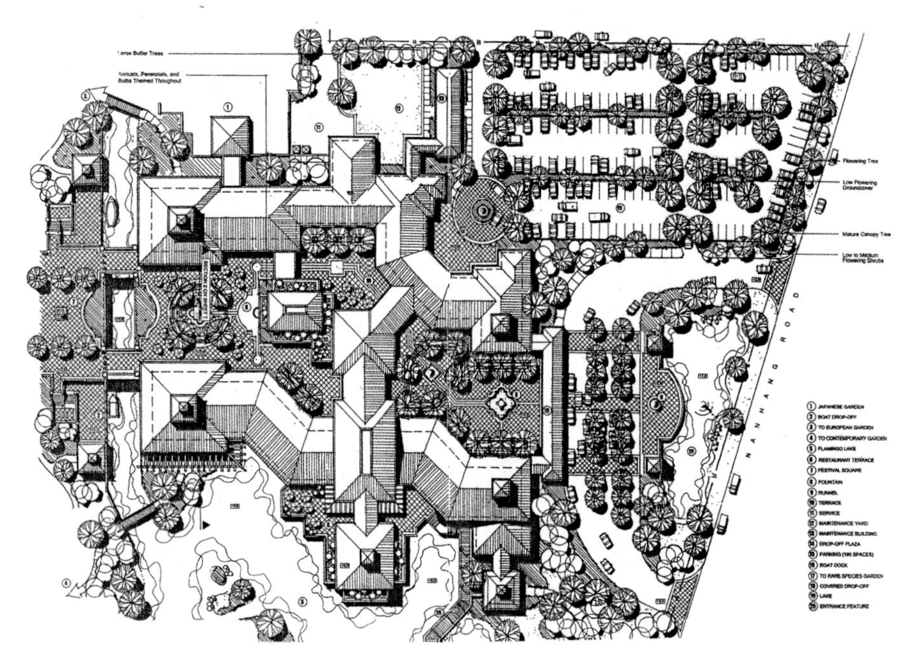

图 1–69 绿化种植规划图

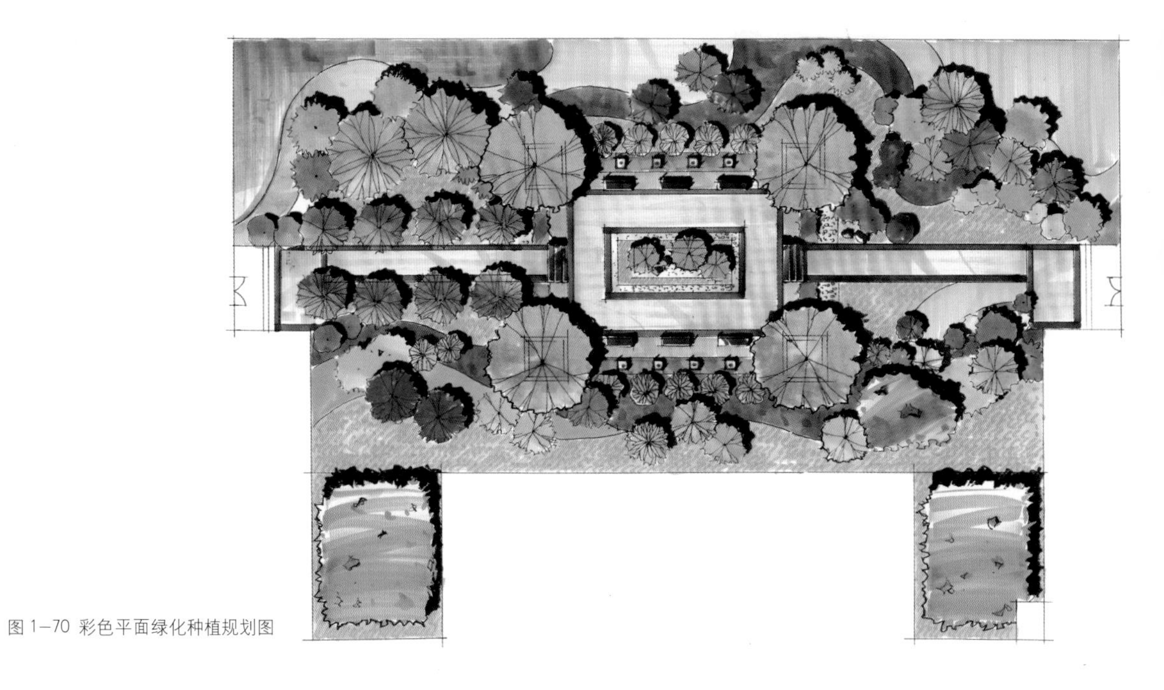

图 1–70 彩色平面绿化种植规划图

5. 其他类型的分区

根据项目类型和规模，可能会按照景观特征、保护程度、主题类型等进行空间划分。如按照景观特征可以划分为半开敞空间、开敞空间、封闭空间或者山林景观、滨水景观、城市景观等；按照敏感和保护程度可以划分为核心区、缓冲区、控制区或者高度敏感区、中度敏感区、一般敏感区（生态方面），以及核心地段、建设控制地带、风貌协调区（历史文化街区和建筑方面）；按照主题类型可以划分为宗教文化区、茶园度假区、海岛观光区、沙滩活动区、山林休闲区，或者如园艺博览会中不同地块分别以不同地域、民族风情为主题。

图示表达是设计师阐述问题、展示方案的重要手段，好的分析图可以增加视觉吸引力和条理性。分析图从内容上来说不仅可以用来表达方案的构思，也可以是对建成环境使用情况的分析或者对设计意向的推断。从形式上来说，分析图不仅可以通过平面图表达，还可以有剖面或三维形式（如轴测图和透视图）的分析图。甚至根据元素不同分层表达。从组织上来说，分析图之间不仅可以是常见的平行并列关系，也可以是反映工作历程和思考轨迹的连续性、叙事性表达；不仅可以是描述一种方案预期效果的线性结构，也可以是以树形结构描述几种方案各自对应的未来景象。总之，分析图比起严谨的总平面图、立面图，更容易做到生动灵活、形式多样、特点鲜明，让人眼前一亮。当然，如果是快题考试，还要考虑时间限制，驾轻就熟，以简洁和稳健为重。

1.3 景观方案草图的概念与分类

1.3.1 概念

方案草图，是景观方案最初构思的雏形，是设计师对场地有了初步的综合分析之后，结合所掌握的理论知识，用简明的线条、大致的明暗关系、辅助性色彩，以及简易的文字标注将大脑中形成的空间形态进行快速表达的表现形式。

既为草图，则不需要过度的细节表现，画面也无须过于华丽精致，但是空间关系要基本明确，尺度把控较为合理，透视与明暗表现大致正确即可。目的就是把想表达的东西尽可能地通过图形和文字表达出来，易于理解，便于交流与沟通（图 1-71、图 1-72）。

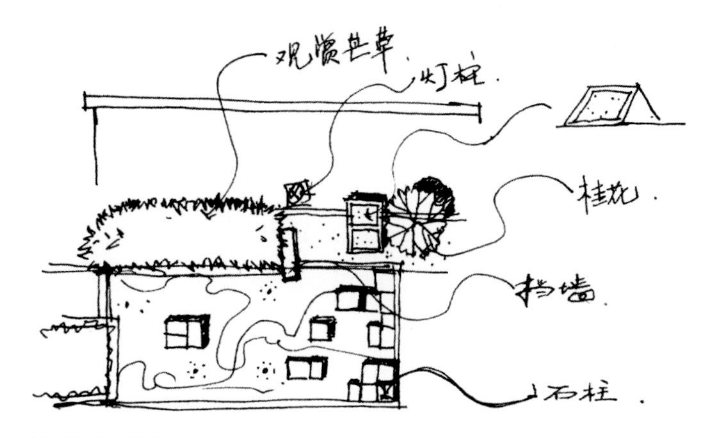

图 1－71 概念草图

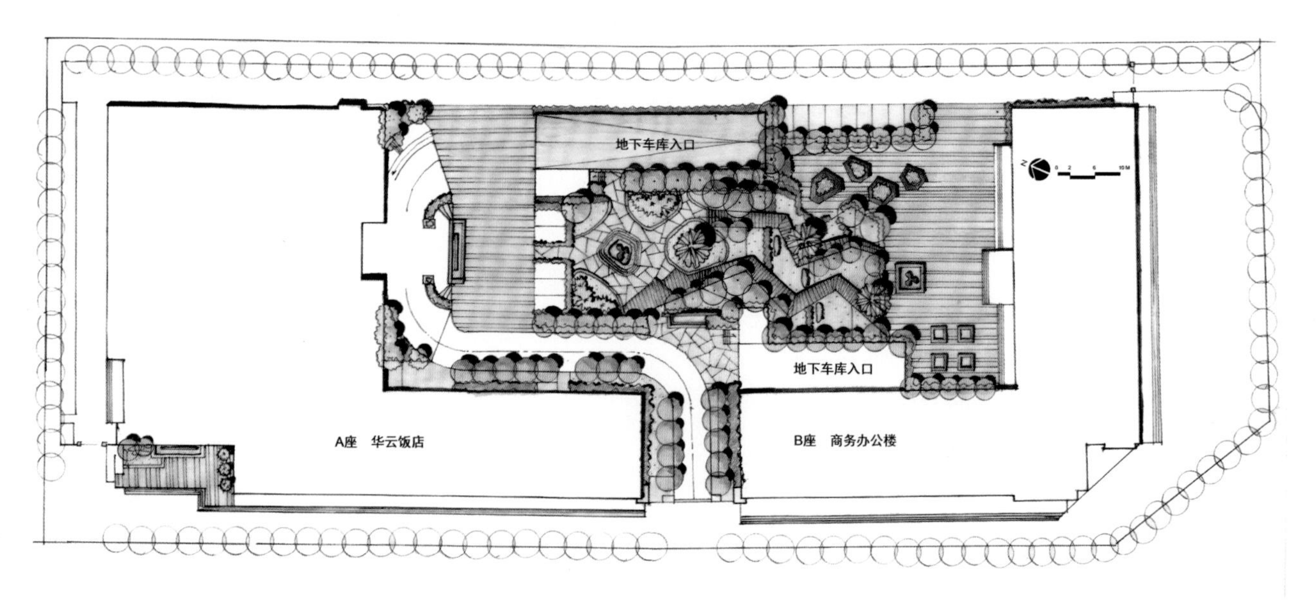

图 1－72 内庭景观彩色平面图（高奥奇 绘）

1.3.2 分类

草图有概念草图、平面草图、立面草图、剖面草图与透视草图之分。

1. 概念草图

概念草图，或称灵感草图，是比较抽象的草图形式，也是设计师大脑中最直观的对设计灵感在图像上的映射。草图的形式、角度、表现手法不受形式制约，可以是几根线条，也可以是几个体块，甚至是一些简单的人类活动场景。只要是表达设计思维与灵感的，都可以尽情发挥自己的想象力，第一时间通过手中的笔表达出来，必要的话也可以增加一些文字进行简要标注（图 1-73、图 1-74）。

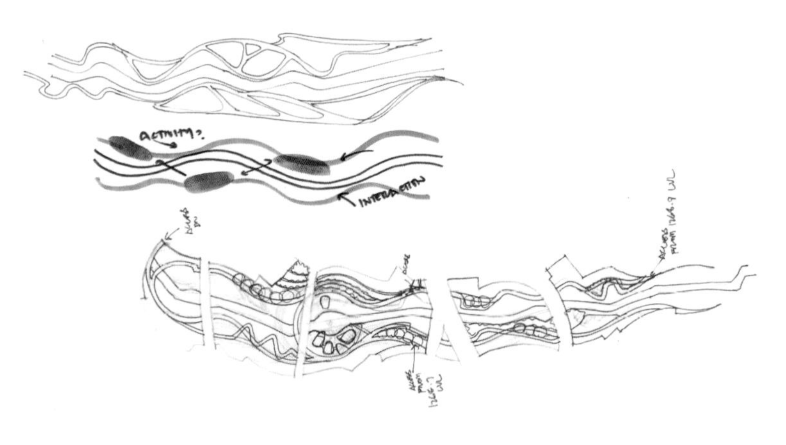

图 1－73 方案初期创意草图：是概念方案从最初的创意灵感到空间功能划分，再到初步平面方案构成的过程草图，可以说是一个景观方案从线到面、到空间这样一个完整的从无到有的方案创作过程。线条简洁流畅、空间布局合理适度、设计思想表达清晰完整

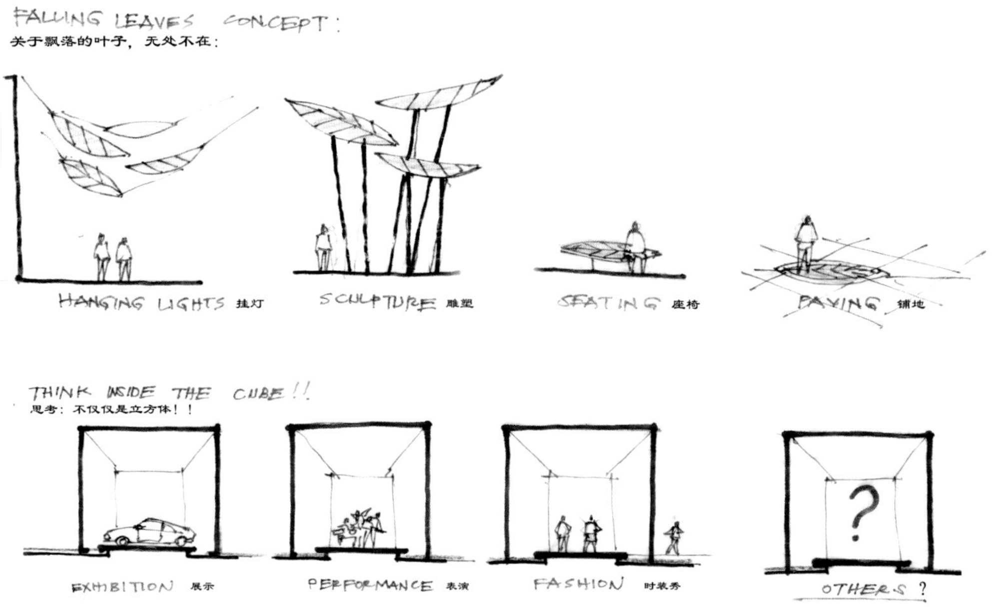

FALLING LEAVES CONCEPT:
关于飘落的叶子，无处不在：
HANGING LIGHTS 挂灯
SCULPTURE 雕塑
SEATING 座椅
PAVING 铺地
THINK INSIDE THE CUBE!!
思考：不仅仅是立方体！！
EXHIBITION 展示
PERFORMANCE 表演
FASHION 时装秀
OTHERS ?

图 1–74 景观功能的概念草图（是对景观构筑物或景观场景功能的概念灵感草图。展示的是将创意灵感在更为实际的人类行为与场地实用性质方面的推敲与思考）

CHILDREN'S PLAY
儿童游戏场
3.5M WATER WALL & LILY WATER POND @69.00
3.5M 水幕墙和莲花池（标高 69.00）
TERRACED LAWNS @72.5 & @72.0
台地草坪（标高72.50和标高72.00）
KID PLAY POOL @72.5
儿童戏水池（标高72.50）
SWIMMING POOL 20x40M
游泳池（20*40M）
CHILDREN'S PLAY AREA @76.5
儿童游戏场（标高76.50）
SKETCH CONCEPT
OPTION 2.
SCALE 1:1000
2012.7.31

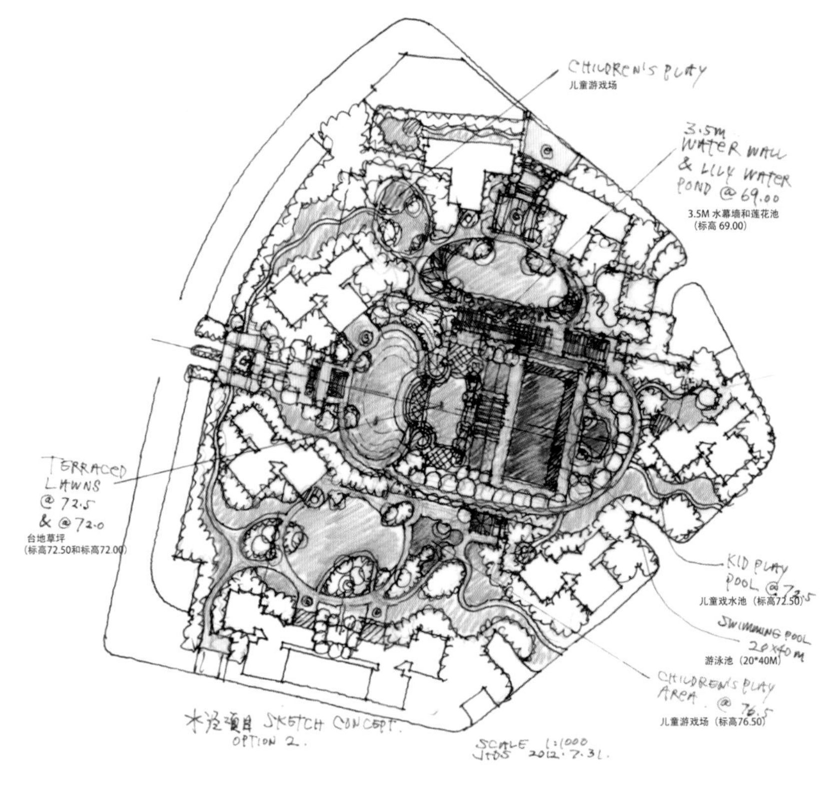

图 1–75 住宅小区初期景观方案草图

2. 平面草图

平面草图是在有概念草图的前提下，对场地进行具体的分析，明确场地功能需求，并按照相关技术规范，用直观的线条与润色在平面图中的快速表达，并在相应位置做出简明的文字标注。区别于概念草图，平面草图中除了基本场地分区与交通流线外，还需将方案中主要的构筑物、水景、小品以及植物组团表现出来。通常是以色块来表示。如图 1–75 所示为某住宅小区初期景观方案平面草图，红色虚线为地下车库范围线与景观中轴线。图中将景观方案的路网关系做了整体的布置，并将各个景观组团空间进行了功能划分。其中，入口景观区与中心景观区做了中轴对称式的轴线景观，宅间组团区则以曲线园路围合小空间为主。图中黄色区域为硬质铺装，绿色区域为绿地，蓝色区域为水景，云线为林缘线，中心景观区绿地中的虚线为地形等高线。在图面四周配以文字标注，整个画面简洁明朗，平面布局一目了然，初期的方案思维表达较为完整清晰。

3. 立面与剖面草图

立面与剖面草图是对方案竖向的设计，主要是对场地竖向、地形、构筑物立面形态，以及植物组团配置的表达。与平面草图一样，立面剖面草图也讲求快速，以最简单最直接的形式将要表达的内容表达清楚即可。需要将空间的竖向尺度关系，微坡地形起伏，竖向构筑物的体量尺度与立面形式美感，以及植物组团搭配大体表达清楚。在此基础上，可以做一定的润色，并配以标高、尺寸标注与文字注释（图 1-76 ～图 1-78）。

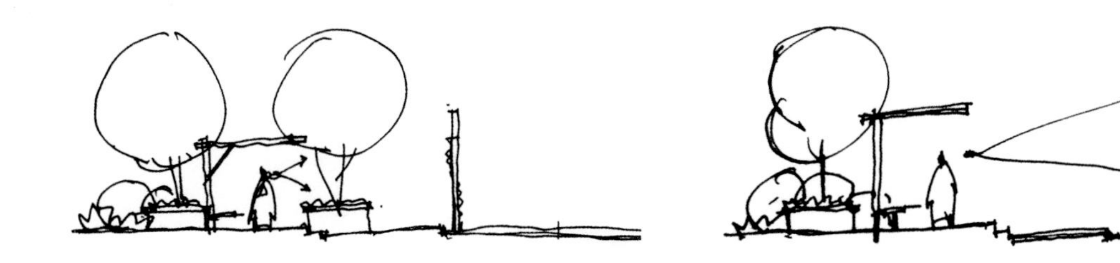

图 1–76 这是一组概念立面对比草图，主要是对比两个空间场景的空间尺度，以及人可视景观区域。显而易见，第一张表达的空间太过紧凑，给人压抑感；第二张表达的空间有收有放、有紧有松，给人的感觉更加舒适

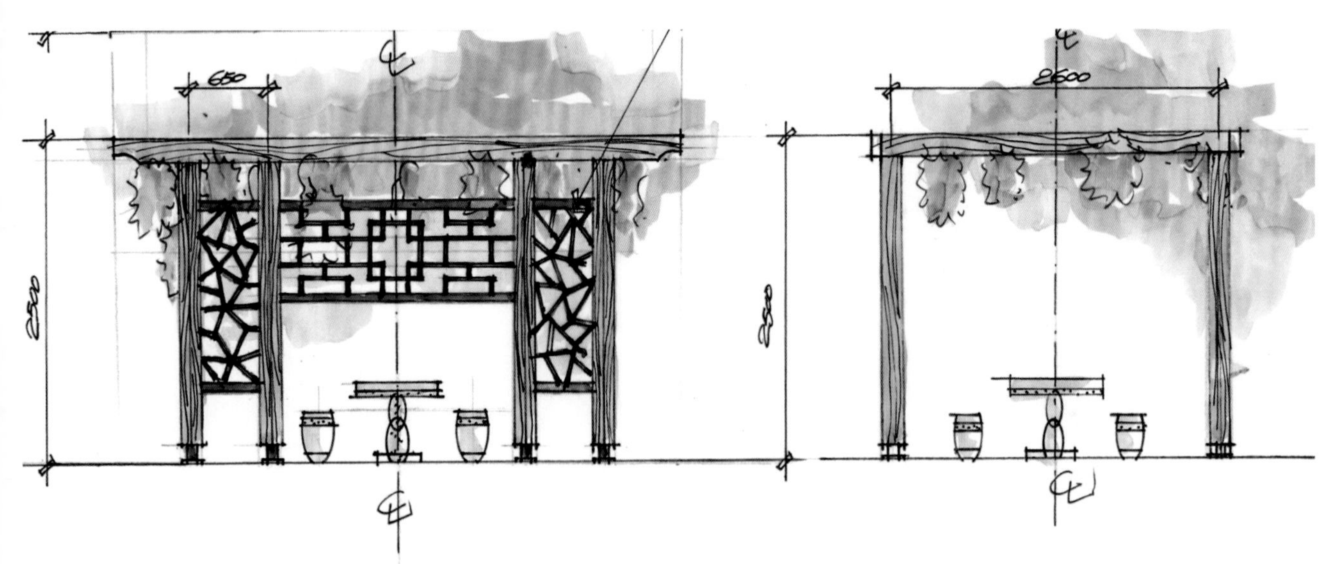

图 1–77 立面草图：这是一座中式廊架的立面草图，很简练地将构筑物的体量关系、材质、风格清楚地表达出来，且有清晰的尺寸标注。加以简单润色，并配有爬藤植物与休息桌椅，则使整个廊架的功能性与美观性更加完善

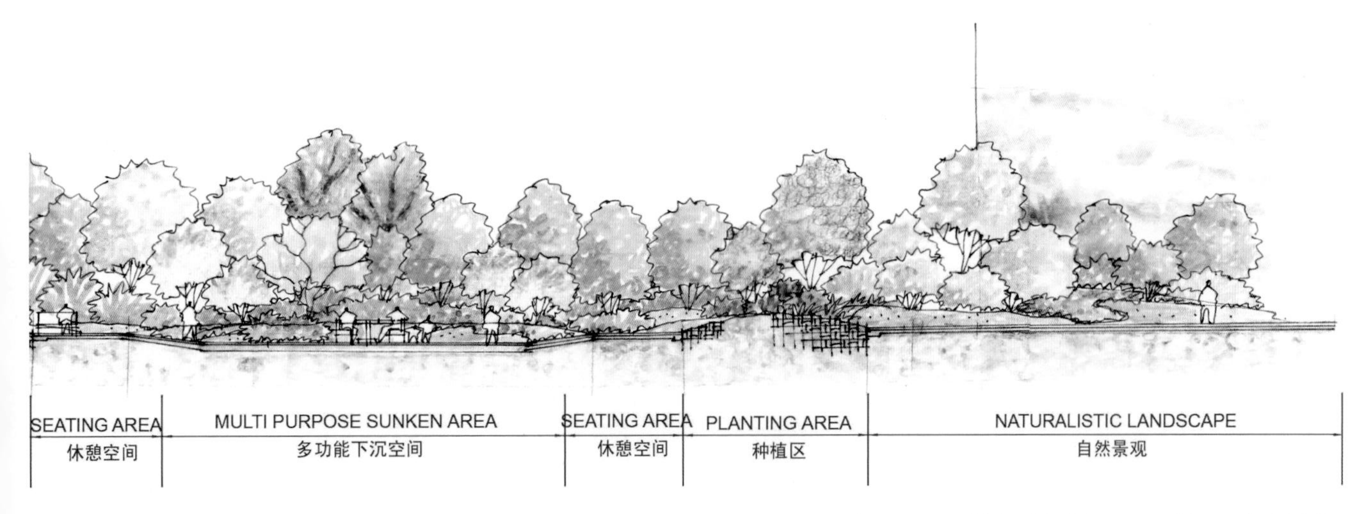

图 1–78 剖面草图：剖面图展示的是整个场景的竖向关系。包括整个场地的高低错落关系，人在场景中的活动需要，微坡地形的起伏状态，以及植物组团的乔灌木草搭配，都表达得相当清楚

4. 透视与鸟瞰草图

在表现形式上，透视草图与之前的平、立、剖面图稍有不同，更注重透视关系、明暗对比与画面景深感。这些可以说是评判这一稿景观方案是否合理、是否可行的第一道门坎。所以在绘制透视草图时，首先要保证透视关系准确，尺度上基本与场地符合，只有透视关系准确之后，才能更直观地把平面方案在三维空间中展示出来。

透视草图绘制时，若已有平、立、剖面草图作为基础，则应依据之前已经反复推敲过的方案进行绘制，此时的透视草图则更多的是以表现景观空间为目的，在绘制的同时进一步对空间与细节进行思考与推敲，以使方案更加合理。如果是在概念构思阶段绘制透视草图，则是创意灵感在场地中的第一时间思考后的辅助图，是对场地景观空间的揣摩与推敲。在绘制时应该注意对尺寸的把控，以及对细节不断地细化思考。但最终还是为了服务于整体的景观方案，为了把设计师的设计思维直观地表达出来（图 1-79、图 1-80）。

5. 鸟瞰草图

区别于透视草图，鸟瞰草图的整体性更加强烈，表现的是景观空间的大关系。在绘制鸟瞰草图时，也是首先把透视关系控制好，画面景深要适当，细节上不要画得过于冗杂（图 1-81、图 1-82）。

图 1-79 这是一点透视草图，展示的是有一定序列感的景观轴线。虽然并没有润色，画面的景深感还不错，明暗关系点到即止，整体画面显得简洁明朗，空间关系较为合理，功能区域较为完善，且景观并非一成不变，具有一定的变化（许赜略 绘）

图 1-80 两点透视草图，展示的是一处商业入口空间。画面饱满，功能完善，景观元素布置适当，植物组团较为生动，整体给人感觉较为舒适（许赜略 绘）

图 1–81 某酒店内庭花园的低视点鸟瞰草图。空间虽然不大，但是功能同样完善，且细节比较细致，尤其植物景观搭配不错，能很好地展现出此处景观"小而精"的特征（许赜略 绘）

图 1–82 某行政楼前景观鸟瞰草图。整个景观由轴线景观与自然景观两部分组成。轴线景观展现的是对称式的规整美，而自然景观展现的则是自然曲线的自然美。所以在展现两部分不同的景观时，画面中突出了轴线景观的序列感，自然景观则做更随意的处理，使规整与自然形成对比，达到了较好的视觉效果

第2章 景观方案的设计流程及草图表现

在景观方案创作伊始，需要清楚的是草图的特性：一是快速勾勒，二是表达设计目的，三是简单明了。草图的“草”并不意味着潦草凌乱，而是快速直接，空间关系表达清晰。在此基础之上，线条优美而流畅，同时增加简单上色，使画面简约美观，另增加简单的文字标注，最后通过设计师对方案概念灵感的生动陈述，使景观方案更易理解。

景观方案分为概念方案与深化方案两个阶段。

景观概念设计是景观方案的最初设计阶段，展示的是场地最初的总体设计与概念主题，并对各分区内景观空间与细节有一定诠释。概念阶段的重点在于方案整体的功能划分、景观结构、交通流线，以及视角设计，对细部景观的展示有限，仅将节点景观的空间层次关系、地势高差、主要构筑物设计、植物组团等表达清楚即可。

图 2-1 概念方案阶段

如图 2-1 所示为概念方案阶段，将场地的空间关系表达得很清楚，以手绘的形式表现，画面显得干净整洁，色彩比较鲜艳。

如图 2-2 为深化方案阶段，图中不但表达出了景观场地的空间关系，还将相对竖向标高、构筑物的尺寸，以及运用到的材料及其颜色、质地都标注上，空间中运用的元素都有详细的展示，一般深化方案的图纸以电脑绘制为主。可以说深化方案是对概念方案的深入设计，是对扩初及施工图设计的准备阶段。

图 2-2 深化方案阶段

综上所述，景观方案草图主要运用于景观概念方案设计阶段，深化方案对于尺度要求更加精准严格则以电脑绘图为主，除非甲方有特殊要求手绘。景观概念方案设计过程包括以下几个步骤。

1. 景观场地分析
2. 景观场地的功能规划设计
3. 景观场地规划的形式艺术
4. 景观总体设计
5. 景观分区设计

下面将景观概念方案设计中各步骤的设计要点及其中所运用到的草图进行详细讲解。

2.1 景观场地分析及草图表现

场地分析一般由场地环境分析与场地内部基地分析两部分组成。环境分析广义上指场地所在地区的大环境，包括当地的自然地理条件与人文历史地理因素；狭义上则指场地周围的环境，也同样包括自然环境分析与人文环境分析。

2.1.1 场地的环境分析

1. 自然环境分析

场地分析中首先要考虑的就是如何对场地进行定位。定位不仅仅是将场地标识在地图上，还要对周围各类环境因素进行调查分析，以使场地景观设计与周围环境相统一，使场地景观成为整个大环境大区域的一部分。

首先，要明确场地的具体地理位置，并根据经纬度判断当地的气候类型、土壤与光照特征，从而确定当地适宜种植的植被类型。其次，区域的地形走向与邻近的水文环境，也需要进行详细调查与分析，这些环境因素都属于自然环境因素，在分析时需要搜集与当地相关的数据资料，以求景观场地设计符合当地的大环境要求。

2. 人文环境分析

在明确了场地的自然环境因素后，还要对场地周围的道路、公共与个人场所（包括医院、学校、行政机构、车站、公园广场、机场、商业中心、周边居民区等）、公共设施（包括交通状况，给排水及电气电信电路的接入点等），以及当地的历史文化与风俗习惯做详细的调查与分析，这些因素都属于人文环境因素或称人工环境因素。如图 2-3 所示，用简单的线稿将周边的主要环境因素进行分析，包括主要道路、植被环境、公共场所与设施等，整体表现形式简练明朗。

图 2-4 则是更为系统的场地环境分析案例，是将场地的卫星地图打印出来后通过草图的形式进行分析。从图中可以看出，场地周边的道路、交通设施、公园、公共设施、不利因素，以及四季的光照走向都做了分析，这样做更利于景观场地规划与设计过程中对有利环境的利用以及对不利因素的阻隔。表现形式上，运用简明的线条与符号来表达，颜色鲜明，整体画面简练又丰富，形式较为新颖。

相对于前两种，图 2-5 中的场地分析形式则更具创意，图中没有文字标注，只用曲线线条、场地图块与人的行为符号来表现，将人们在各个场地中的行为活动生动地表达出来，且运

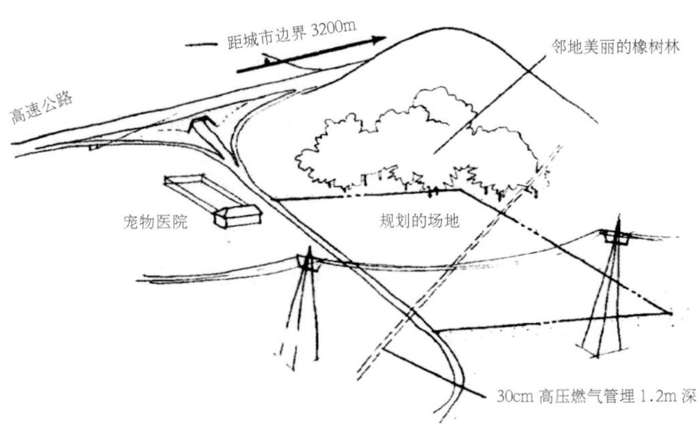

图 2-3 场地分析图

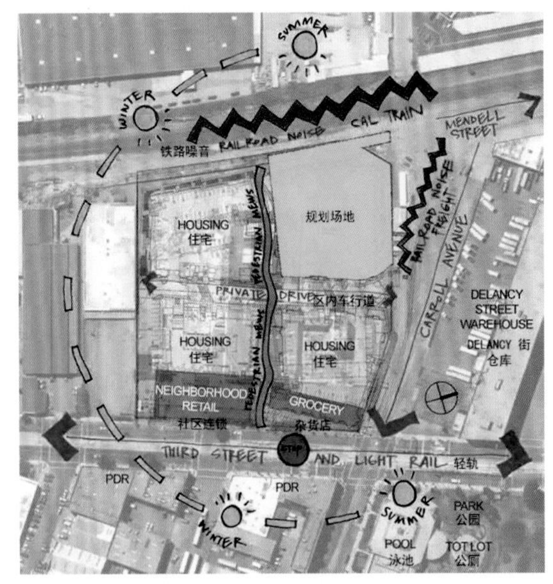

图 2-4 场地环境分析

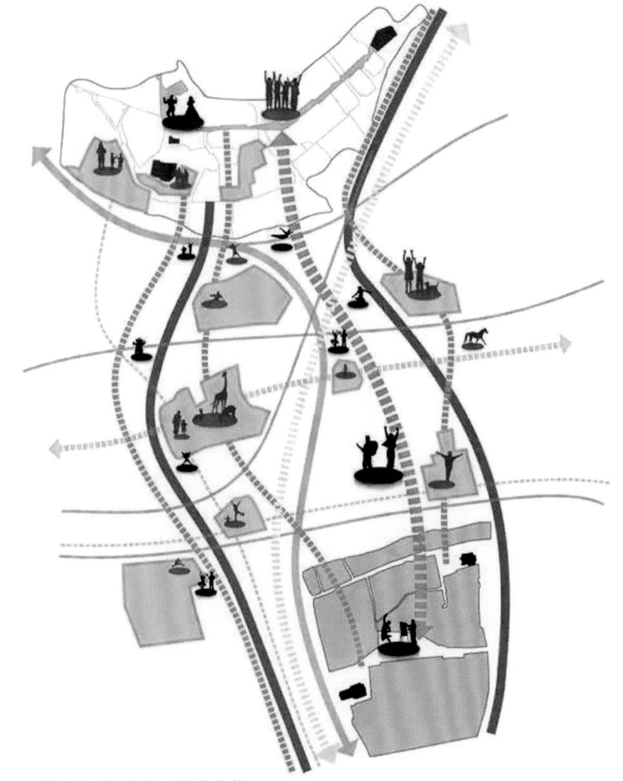
图 2-5 抽象场地环境分析

用曲线来展现连接各个不同场地空间的交通流线。

2.1.2 场地的基地分析

场地的基地分析指的是对场地本身的基地条件进行分析，分析的内容包括地形、土地土壤(包括屋顶景观的覆土厚度)、水文状况、现有植被等自然因素与公共限制、区内建筑物（包括建筑高度、材料、颜色、风格等）、配套设施等人工因素。

图 2-6 水平地形景观分析

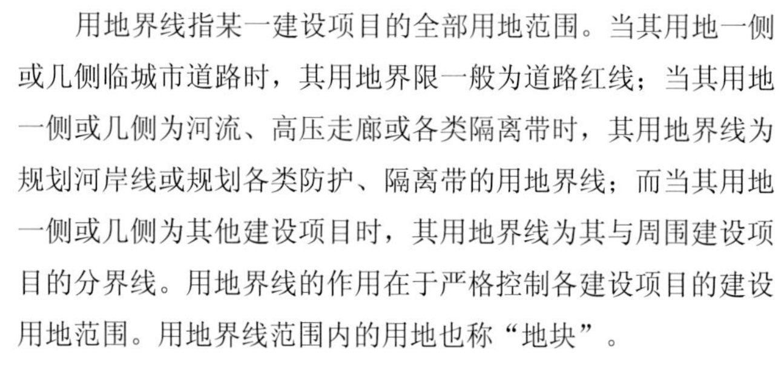

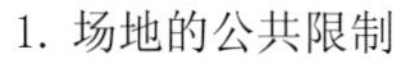

图 2-7 山地地形景观分析

1. 场地的公共限制

（1）用地界线

用地界线指某一建设项目的全部用地范围。当其用地一侧或几侧临城市道路时，其用地界限一般为道路红线；当其用地一侧或几侧为河流、高压走廊或各类隔离带时，其用地界线为规划河岸线或规划各类防护、隔离带的用地界线；而当其用地一侧或几侧为其他建设项目时，其用地界线为其与周围建设项目的分界线。用地界线的作用在于严格控制各建设项目的建设用地范围。用地界线范围内的用地也称“地块”。

①用地红线：规划主管部门批准的各类工程项目的用地界限。

②道路红线：规划主管部门确定的各类城市道路路幅（含居住区级道路）用地界限。

③绿线：规划主管部门确定的各类绿地范围的控制线。

④蓝线：规划主管部门确定的江、河、湖、水库、水渠、湿地等地表水体保护的控制界限。

⑤紫线：国家和各级政府确定的历史建筑、历史文物保护范围界限。

⑥黄线：规划主管部门确定的必须控制的基础设施的用地界限。

⑦建筑控制线（亦称建筑红线）：建筑物基底退后用地红线、道路红线、绿线、蓝线、紫线、黄线一定距离后的建筑基底位置不能超过的界限，退让距离及各类控制线管理规定应按当地规划部门的规定执行。

⑧临街地上建筑物及附属设施（包括门廊、连廊、阳台、室外楼梯、台阶坡道、花池、围墙、平台、散水明沟、地下室排风口、出入口、集水井、采光井等）、地下建筑物及附属设施（包括挡土桩、挡土墙、地下室顶板基础和防水层、化粪池等），不允许突出道路红线和用地红线。

（2）用地性质

城市规划管理部门根据城市总体规划的需要，对某宗具体用地所规定的用途。

根据《城市用地分类与规划建设用地标准》（GB50137-2011），城乡用地分为 2 大类、9 中类、14 小类，而常用的用地性质实际上是指其中一小类——H11 城市建设用地的性质分类。分别为居住用地 R、公共管理与公共服务设施用地 A、商业服务业设施用地 B、工业用地 M、物流仓储用地 W、道路与交通设施用地 S、公用设施用地 U、绿地与广场用地 G。

（3）交通控制

场地人流车流的方位及大小，停车状况等。

2. 场地地形分析

（1）地形的概念及意义

场地分析中最为重要的因素是场地的布置。场地的地形因素可能会决定这块场地如何进行实际应用，甚至最终决定预定项目的布局。地形是所有室外活动的基础，地形直接联系着众多的环境因素和环境外貌（图 2-7）。

“地形”是“地貌”的近义词，意为地球表面三度空间的起伏变化。简而言之，地形就是地表的外观。不同的景观场地的地形形式各不相同。就风景区范围而言，地形包括山谷、高山、丘陵、草原，以及平原等复杂多样的类型，这些地表类型一般被称为“大地形”；从园林景观范围来讲，地形包括土丘、台地、斜坡、平底，或因台阶和坡道所引起的水平面变化的地形，这类地形统称为“小地形”。起伏更小的地形称之为“微地形”。

（2）地形信息的获取

地形信息的获取，最直接也最真实可靠的数据是通过现场测量获取。除此之外，美国地质勘探局（USGS）的地图信息是比较常用且颇有价值的信息源。USGS 的地图可以从多种渠道获得，包括从互联网（www.usgs.gov）上下载，或者从商业销售的光盘上获得。另外，规划部门和高速公路部门经常为大都市提供测量的信息和报告。这对于大尺度的规划如校园、社区、流域、公园和开放空间系统的总体规划是十分有用的。其他部门也提供一些基本的地图和数据资料，它们也许对选址和土地利用图解分析已经足够了。

（3）地形的表现形式

地形的表现形式主要在平面图（等高线表示法、高程点表示法）和剖面图中表达。一般我们从各渠道获取的地形信息以等高线图和高程点图为主，下面简单介绍在获取地形平面图之后，怎样在剖面图中进行转化和诠释，以更加全面地对场地地形进行系统分析。

如图 2-8 ～图 2-10 所示是将在同一轴线上出现的凸地形与凹地形两种地形的平面绘制出地形剖面图，是在地形平面图的基础上绘制的地形剖面图。通过地形平面图绘制剖面图，能更生动、立体地将场地的地形起伏直观表现出来，从而能对场地地形做更深入透彻的分析。

3. 土地土壤分析

通过利用现有信息源，对当地的土壤状况有一个大致的了解与分析，对后期土方工程以及种植品种选择有很大的帮助。

屋顶花园与车库顶板上的景观设计，属于种植屋面设计范畴。对于这类景观场地，对建筑的覆土有一定要求，种植覆土的荷载以及厚度要依据相关规定（表 2-1、表 2-2）。

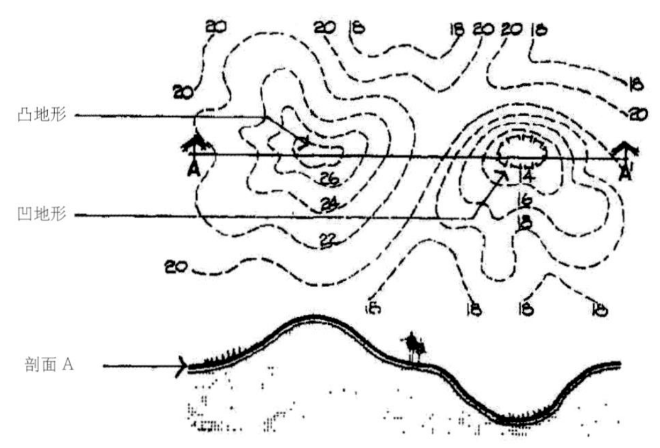

图 2-8 地形等高线图

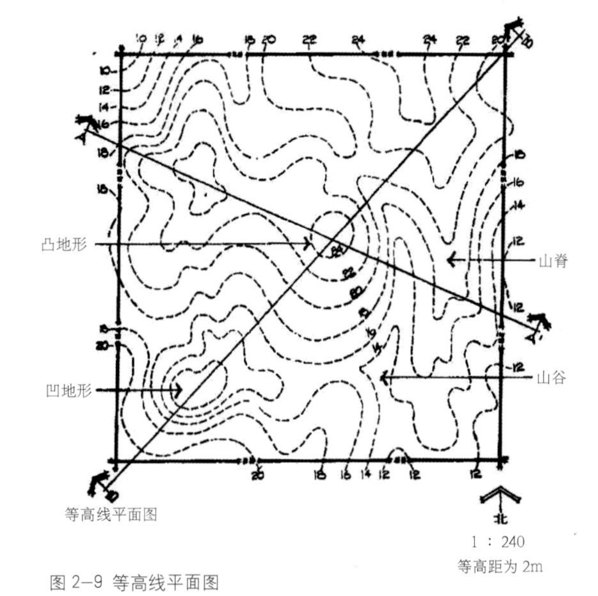

图 2-9 等高线平面图

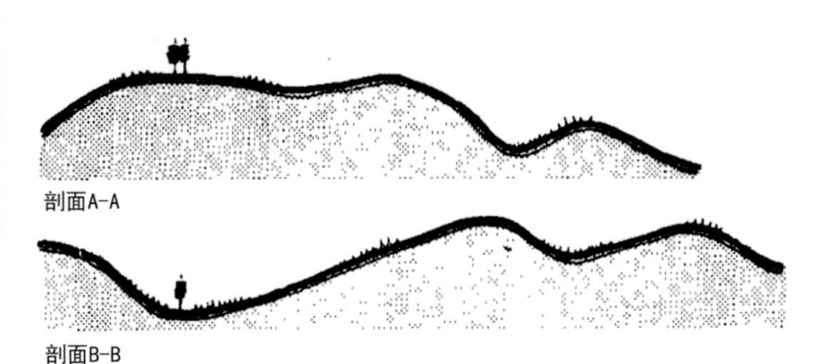

图 2-10 剖面图

表 2.1 初栽植物种植荷载。摘自《种植屋面工程技术规程》（JGJ 155—2013）

植物类型	小乔木（带土球）	大灌木	小灌木	地被植物
植物高度或面积	2.0～2.5m	1.5～2.0m	1.0～1.5m	1.0 m²
植物荷重（kN/株）	0.8～1.2	0.5～0.8	0.3～0.6	0.15～0.3kN/m²
种植荷载（kN/株）	2.5～3.0	1.5～2.5	1.0～1.5	0.5～1.0

表 2.2 不同种植基质厚度参考对比。摘自《种植屋面工程技术规程》（JGJ 155—2013）

种植土类型	种植土厚度（mm）			
	大乔木	大灌木	小灌木	地被植物
田园土	800～900	500～600	300～400	100～200
改良土	600～800	300～400	300～400	100～150
无机复合种植土	600～800	300～400	300～400	100～150

4. 水文与植被分析

场地中现有的水系及植被，在遵循设计要求的前提下，尽量调整之后予以保留。若要将场地中现有的植被在平面中以草图的形式表现出来，运用简单的色块在相应的区域标注出来即可。在方案设计过程中可在相应区域做出不同的符号予以区分（图 2-11、图 2-12）。

5. 建筑分析

建筑物，无论是单体还是群体，对于室外空间至关重要。建筑物能构成并限制室外空间，影响视线、改善小气候，影响毗邻景观的功能结构。

（1）建筑群体与空间限制

在开敞或负空间环绕的单体建筑物，始终是一个实体。一个单体建筑物并不能构成一个空间，反而是空间中的一个实体；但若将一群建筑物有组织地聚集在一起时，那么在各建筑物之间的空隙间处，就会形成明确无疑的室外空间（通常称为“宅间空间”）。群体的建筑物外墙能限制视线，构成垂直面。常见的建筑围合出的室外空间有图 2-13 中的几种形式。

场地总占地面积25960㎡，场地中央为大面积集散广场，广场南侧为两片柏树林。东西两侧为绿地，绿地内部以自然园路相分割，并有少量硬质铺装，植物种植以自然式为主却略微显杂乱。但是原有长势良好、树形优美的紫叶李，合欢，女贞等可以移栽加以利用，广场南侧白树林以及雪松保留，从而保持广场的原有生态形式与自然风貌。同时，项目原有牌坊也将按原样重造。

原有紫叶李
原有合欢
原有女贞
原有雪松
按原样再造牌坊
保留白树林
设计红线

图 2-11 水文与植被分析图（高奥奇 绘）

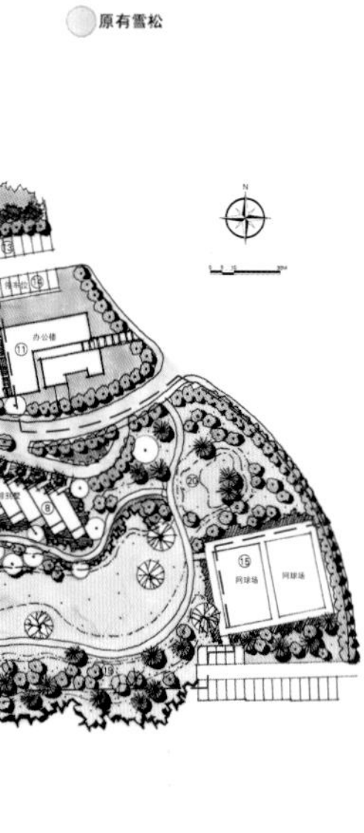

图 2-12 图中红色边框圆圈为现有保留植物（宋华龙 绘）

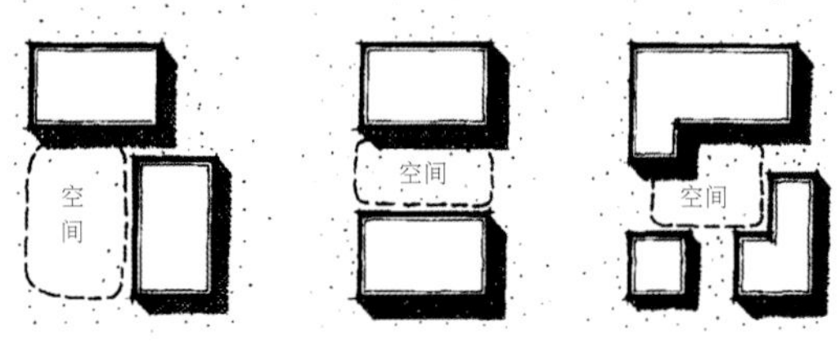

室外空间由两座或更多的建筑构成

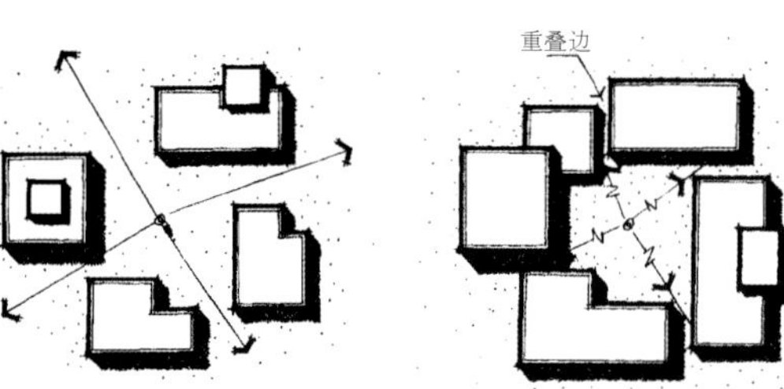

空间空隙使视线能从封闭空间中看到外面

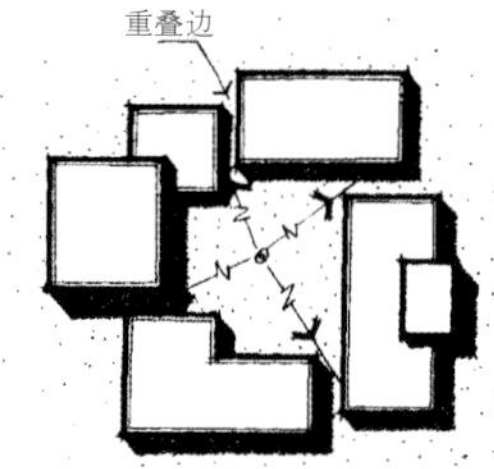

建筑边的重叠能封闭空间空隙

空间空隙可以通过其他的设计要素来弥补

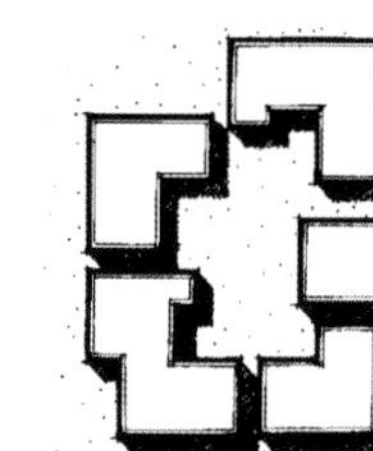
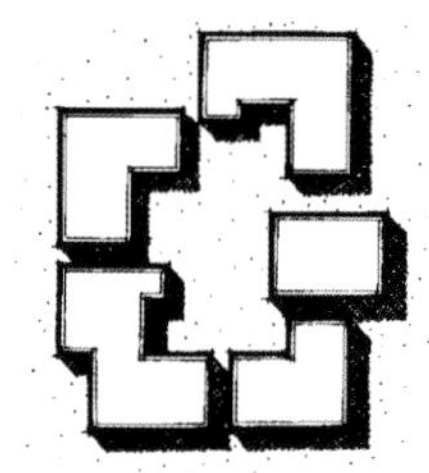

建筑构成的主空间与次空间

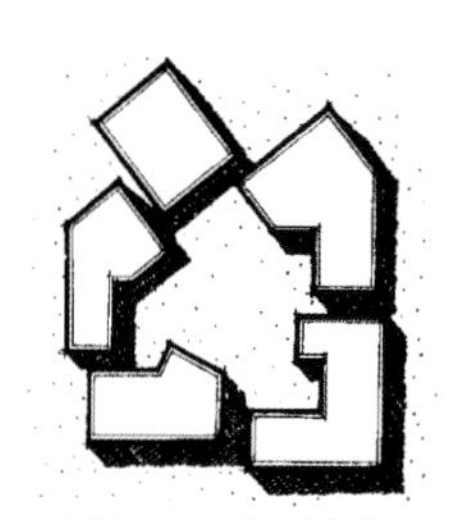

由建筑构成的次空间组合体

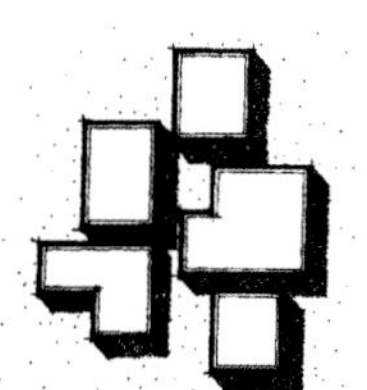

设计欠佳的平面布局没有突出的开敞空间，无法形成设计的视线焦点

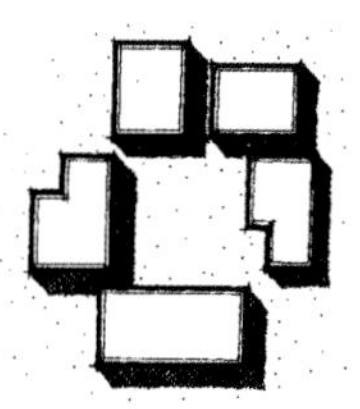

突出的开敞空间统一了布局，提供了视线焦点

中心开敞空间，形成了自聚性和内向性

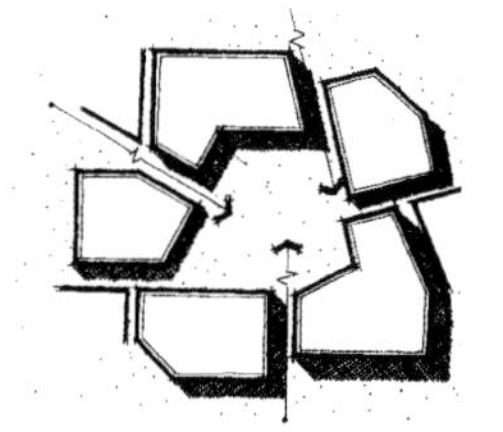

“风车形”或“旋转形”的布局使视线和游人到此空间便停止了

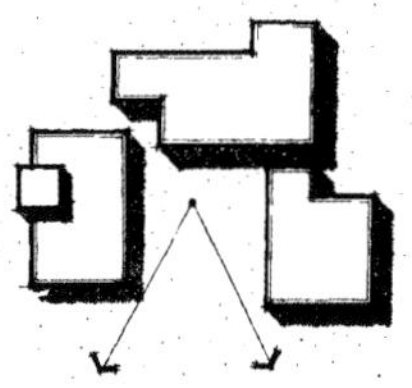

定向开敞空间，建筑物围合的空间强烈地朝向开敞边

图 2-13 建筑与空间限制

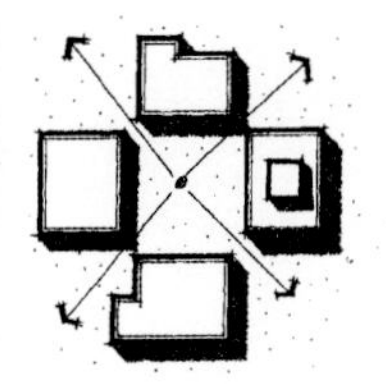

转角处的开敞空间封闭感较弱

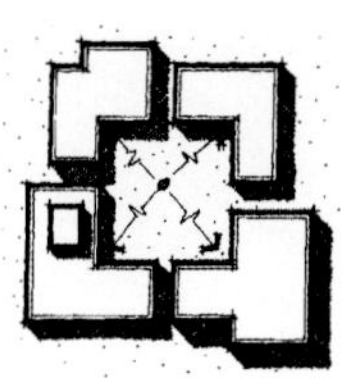

当转角处封闭时，封闭感强烈

组合线形空间：视线和焦点随人们的移动而不停变化

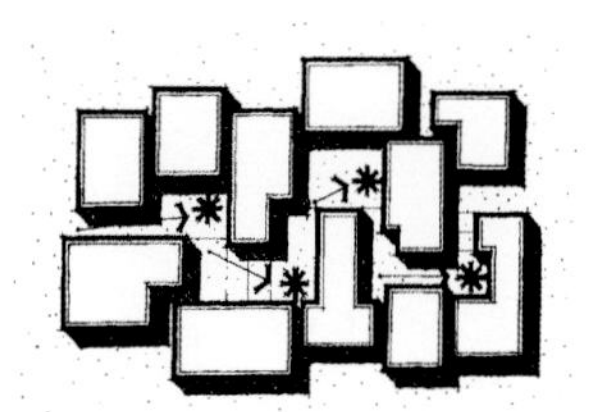

在组合式线形空间的转角安排观赏焦点，吸引人们去探究

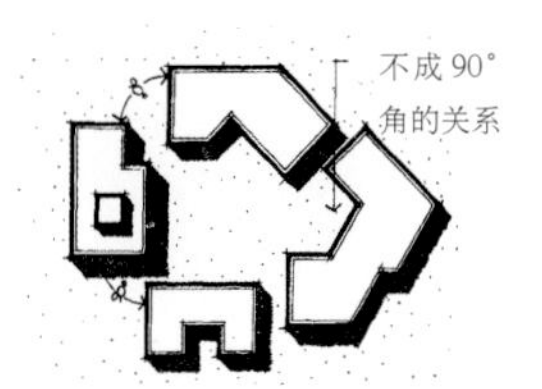

空间的不同变化，由不成 90 角相交的建筑布局而形成

图 2–13（续）

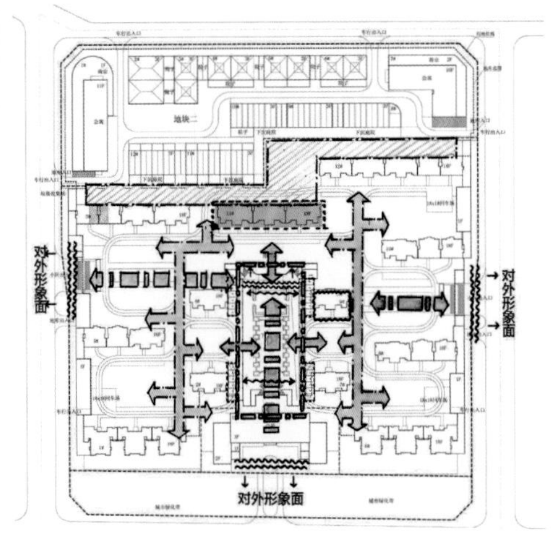

图 2–14 建筑与空间视线分析图

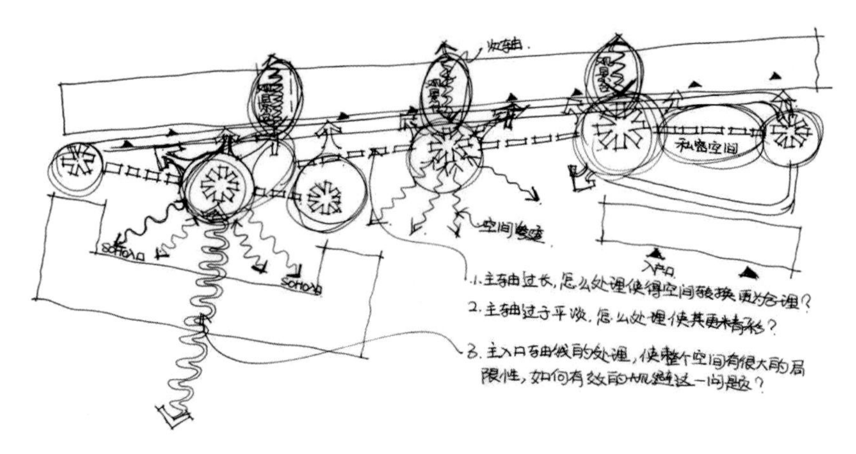

图 2–15 轴线与环境分析示意图

之所以要对建筑围合出的宅间场地进行分析，是为了在景观设计中将区域内各个空间进行定位，以求达到最佳的功能划分。将位置适中、尺度较大、人流集中、焦点突出的宅间场地作为整个区域的中心景观区，以最大限度地满足各人群的活动需求。

在建筑围合空间分析时，要以快速直接的表达手法，使人一目了然，同时又能将建筑室外场地的空间层次与关系表达清楚即可（图 2-14、图 2-15）。

图 2–16 新古典主义洋房住宅

（1）建筑风格解析

建筑风格指建筑设计中在内容和外貌方面所反映的特征，主要在于建筑的平面布局、形态构成、艺术处理和手法运用等方面所显示的独创性和完美的意境。建筑风格因受时代的政治、社会、经济、建筑材料和建筑技术等的制约，以及建筑设计思想、观点和艺术素养等的影响而有所不同。

① 新古典主义风格

新古典主义的建筑外观吸取了类似“欧陆风格”的一些元素处理手法，但加以简化或局部适用，配以大面积墙及玻璃，或简单线脚构架，在色彩上以大面积浅色为主，装饰味相对简化，追求一种轻松、清新、典雅的气氛，可算是“后欧陆式”，较之前者又显得更加理性，属于主导型的建筑风格（图 2-16、图 2-17）。

图 2-17 新加坡浮尔顿酒店

图 2-18 上海松江泰晤士小镇

图 2-19 沈阳华润橡树湾

图 2-20 法国巴黎卢浮宫

图 2-21 法式别墅住宅

② 英伦风格

又称英式风格，英伦风格是 18 世纪早期安女皇（Queen Anne）时代发展起来的。英式建筑的主要特点是繁琐的造型，英国人追求的是艺术感强烈的建筑，它的建筑风格有很浓的教堂气息，给人一种庄重、神秘、严肃的感觉。建筑中的城堡元素，采用很多曲线造型来体现艺术之感和装饰作用，使整个英伦建筑看上去有种优雅的贵族气质（图 2-18、图 2-19）。

③ 法式风格

法式建筑风格，建筑体型既有以清新、亮丽、现代为基调而形成轻盈、活泼的建筑形态，打破了混凝土方盒带来的凝重和沉闷感，也有追求建筑整体造型雄伟，通体洋溢着古典主义的法式风格。法式建筑讲究点缀在自然中，并不在乎占地面积的大小，追求色彩和内在联系，让人感到有很大的活动空间（图 2-20、图 2-21）。

④ 地中海风格

地中海建筑，指带有地中海风情的建筑。后来，这种建筑风格被带到世界各地，并融入了一些异域建筑的特点，随着时间的流逝，地中海建筑逐渐发展成为一种典型的建筑符号。虽然地中海风格建筑有西班牙式、意大利式、希腊式及法国式之分，但同为这些文明古国环绕着的地中海盆地一直散发出古老的人文气质，显露着同样的建筑语言，使这些地区的建筑之间有着相同的符号元素——门廊、圆拱和镂空，这是地中海建筑中最常见的三个元素。长长的廊道，延伸至尽头然后垂直拐弯；半圆形高大的拱门，或数个连接或垂直交接；墙面通过穿凿或半穿凿形成镂空的景致。地中海风格中最典型的三种色彩搭配：蓝与白、金黄与蓝紫、土黄与红褐（图 2-22、图 2-23）。

图 2-22 地中海风格建筑

图 2-23 地中海风格酒店

⑤ 装饰艺术风格

装饰艺术风格（Art Deco）发源于法国，兴盛于美国，是世界建筑史上一个重要的风格流派。回纹饰曲线线条、金字塔造型等埃及元素纷纷出现在建筑的外立面上，表达了当时高端阶层所追求的高贵感；而摩登的型体又赋予古老的、贵族的气质，代表的是一种复兴的城市精神。这种艺术风格在美国大行其道，并最终发展为 20 世纪最重要的建筑设计力量。曾一度流行于 20 世纪 30 年代的上海。该建筑风格强调建筑物的高耸、挺拔，给人以拔地而起、傲然屹立的非凡气势，体现出工业革命的技术革新所带来的新高度，表达出不断超越的人文精神和力量。通过新颖的造型、艳丽夺目的色彩，以及豪华材料的运用，成为一种摩登艺术的符号（图 2-24）。

图 2-24 装饰艺术风格高层住宅

⑥ 东南亚风格

东南亚建筑强调尽量利用自然条件增加建筑物的通风采光、而且注重对日光和雨水的再利用，从而达到节省能源的效果，所以，这些建筑的外观一般比较通透和清爽，例如百叶式的白色外墙、绿色的墙面。此外，遮阳的处理也是东南亚建筑不可缺少的部分。建筑装饰上没有繁杂的装饰线、外形比较清爽、简洁。东南亚风格主要运用于一些酒店会所、度假区、住宅类建筑中（图 2-25、图 2-26）。

图 2–25 东南亚风格酒店

⑦ 中式古典建筑

中式古典建筑即中国传统建筑，其形成和发展具有悠久的历史。由于中国幅员辽阔，各处的气候、人文、地质等条件各不相同，而形成了中国各具特色的建筑风格。尤其民居形式更为丰富多彩。如南方的干阑式建筑、西北的窑洞建筑、游牧民族的毡包建筑、北方的四合院建筑等。

图 2–26 东南亚风格酒店入口

⑧ 新中式风格

新中式就是中式建筑元素和现代建筑手法的结合运用，从而产生的一种建筑形式。新中式建筑不仅在文脉与中国传统建筑一脉相承，而且更重要的是对传统建筑的发展和变化：既很好地保持了传统建筑的精髓，又有效地融合了现代建筑元素与现代设计因素，改变了传统建筑的功能使用，给予重新定位。因为建筑材料的变化以及现代生活方式的变化等原因造成的对建筑需求的变化——建筑形式只是这些内涵发展和变化的一个结果（图 2-27、图 2-28）。

图 2–27 苏州博物馆（李国涛

图 2–28 深圳万科第五园（李国涛 绘）

图 2-29 上海浦东陆家嘴建筑群（吴闵 绘）

图 2-30 长沙梅溪湖国际文化艺术中心（扎哈 · 哈迪德建筑作品，吴闵 绘）

⑨ 现代风格

现代风格的作品大都以体现时代特征为主，没有过分的装饰，一切从功能出发，讲究造型比例适度、空间结构图明确美观，强调外观的明快、简洁。体现了现代生活快节奏、简约和实用，但又富有朝气的生活气息。现代风格建筑运用范围较广，商业大厦、行政大楼、体育场、交通枢纽建筑、各式住宅建筑、地标建筑都有涉及（图 2-29、图 2-30）。

6. 建筑配套设施分析

在景观总体方案确定之后，需要进行景观细部设计，此时就需要对建筑相关配套设施进行分析。需要分析的内容包括建筑室外工程、人防工程、建筑综合管网中与景观设计相关的工程分析。

（1）建筑室外工程

室外工程中的建筑散水、坡道、无障碍通道、台阶、栏杆、挡墙、廊架、车棚、大门、围墙等都与景观深化设计息息相关，需要进行详细的分析。具体参见《12J003：室外工程》。

（2）人防工程

地下室人防出入口、通风井、采光井，关系到建筑室外场地的完整性，在概念方案设计阶段都需要进行详细的分析。在建筑宅间区域设置过多的采光井，且人防出入口的布置太过于集中，会严重影响整个室外场地的完整性，对于景观设计非常不利（图 2-31）。

表 2-3 各种车辆的外廓尺寸和最小转弯半径

车辆类型		长（m）	宽（m）	高（m）	停车位换算系数	转弯半径(m)
机动车	微型汽车	3.50	1.60	1.80	0.7	4.50
	小型车	4.80	1.80	2.00	1	6.00
	轻型车	7.00	2.10	2.60	1	6.50~8.00
	中型车	9.00	2.50	3.20（4.00）	2	8.00~10.00
	大型车	12.00	2.50	3.20	2.5	10.50~12.00
自行车		1.93	0.60	1.15	—	—
摩托车		1.60~2.05	0.70~0.74	1.0~1.3	—	—

（3）地下车库

地下车库出入口、转弯半径、车库顶板覆土与荷载等也牵涉到景观场地以及构筑物的设置，对于场地细部尺度的把控会有所影响，需要在设计时进行分析（表 2-3）。

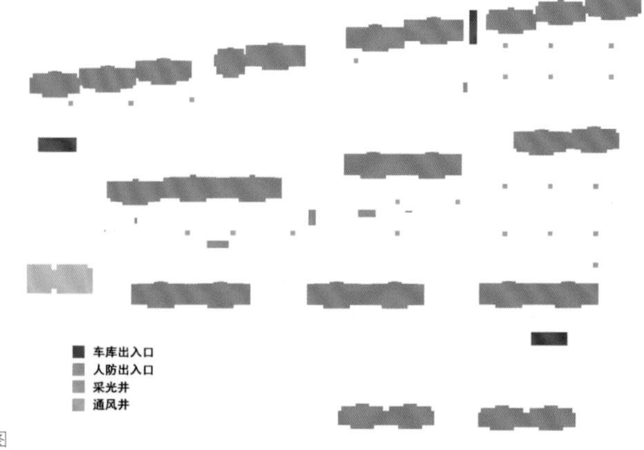

图 2-31 人防工程示意图

（4）综合管网

建筑综合管网的分析，对于景观扩初以及施工图设计中的排水、弱电等设计至关重要。

2.1.3 小结

场地分析是对室外环境的全面分析，也是在进行设计前寻找创意切入点的过程，因此，进行全面而细致的分析，从中发现能让自己感动的元素，建立自己对场地的独特理解是十分重要的，许多优秀的方案就是找到了建筑与环境的最佳切入点而因此增色。

纵向来看，建筑场地分析可以分为理性分析和感性分析两个大的部分。对于理性分析的部分，我们要本着事实只有一个的态度，尽量做到精确和符合实际。而对于感性的部分，每个人的感觉都不一样，也不必求同，并且这在大多数时候也是个人设计的出发点，所以，可以各执己见，热烈讨论，在最初的理性部分统一了之后，这样的讨论就显得很有意义。

场地分析是为最终的景观场地设计服务的，因此，尽管以上列出了许多的条目，但在进行场地分析的时候应该始终把握住一条为建筑设计服务的主线，完全没有必要面面俱到。所以，场地设计体现在最终的方案图纸上的时候，应该选择重点进行表达，在场地环境庞杂的信息中，到底有哪些启发你产生了灵感，或者与你的概念有关，把这些内容表现在图纸上，无关的内容则舍弃，这样，从对场地的最初观察到全面理解，到产生方案，再到最终的表达才真正完成了。

手绘草图对于场地分析是较为方便快速又清晰的表达方法，所以在进行景观概念方案设计伊始，需要设计师通过手绘草图对场地进行详细的分析，以严谨的态度对待相关项目以及接下来的设计工作。

2.2 景观场地的功能规划

景观场地设计的实质就是预定的项目场地上是如何组织布局的。场地的组织方式首先是由土地本身所决定的；其次，在不同程度上将由项目甲方的价值取向、当地的法令条例、社区的标准，以及项目本身的特点所决定，这些因素都需要作为设计目的的衡量与判断标准。通过综合考虑多方面因素，应该在心中规划出场地上各类景观特征的实际布局。

景观场地规划最先确定的便是场地的功能划分，也就是场地对于不同人群各种各样活动需要所设置的区域。丹麦建筑师杨·盖尔认为公共空间户外活动可以划分为3种类型：必要性活动、选择性活动、社交性活动。每一种活动类型对于物质环境的要求不太一样，也就是环境偏好存在差异性。其中选择性活动对物质环境的要求较大，比如一些观赏、休憩、游玩活动，这些活动就需要通过设计之后使场地对人们活动起引导作用。这也是景观规划的重要目的之一。

无论什么景观项目，功能性问题都是极为重要的。对于不同类型景观场地的功能划分方法在第四章中有详细的介绍，在本章不做过多阐述，根据具体的项目案例分析时会做简要的总结，这里简单罗列出私人或者公共景观空间中必要的一些功能性场地与景观要素：

①特定的活动区域——游玩、休憩、观景、遮阴、表演、交谈、体育锻炼、用餐、商业买卖、宠物活动等；

②步行交通系统——入口、步道、台阶区域、桥梁等；

③车行交通系统——车行道、回车场、停车场；

④屏障（围墙、挡墙等）、障碍（门禁、道闸等）和大门；

⑤存放空间——废物、个人物品、社区财产、物业管理、积雪等；

⑥焦点元素——水景、雕塑、构筑物、植物等；

⑦野生动物游览区；

⑧保留、保育和保护区域；

⑨公厕。

功能区域的划分在表现手法上以简要的线条与图形，并结合必要的文字来表达，简明扼要地将需要规划出的各景观功能区与构筑物的位置、初步尺度、大概形式，以及各空间的连接与过渡空间等交代出来（图 2-32、图 2-33）。

2.3 景观场地规划的形式艺术

景观场地的功能区划分以后，下一步就是各个功能空间该以何种形式出现。当代城市景观风貌变化显著，人们的生活品位、审美情趣不断提高，要求设计师们注重景观设计的艺术性。用景观设计的构成要素和构成法则，加之理性的分析方法，以设计、艺术、经济、综合功能这四个方面的关系为基础，用审

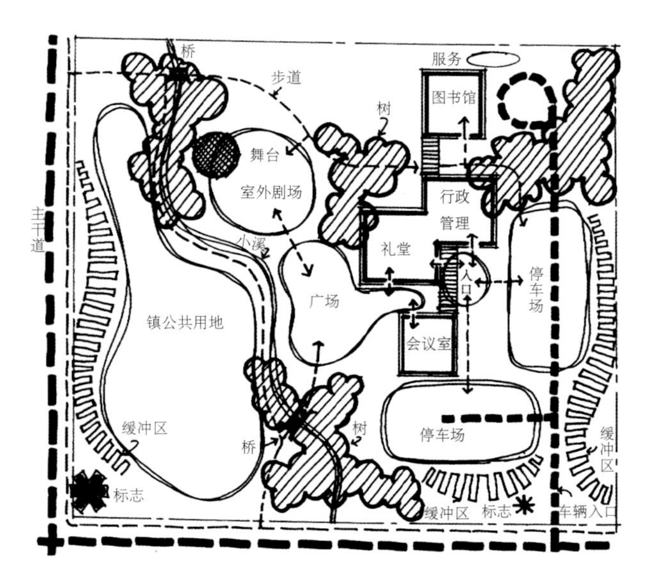

图 2-32 场地分析图

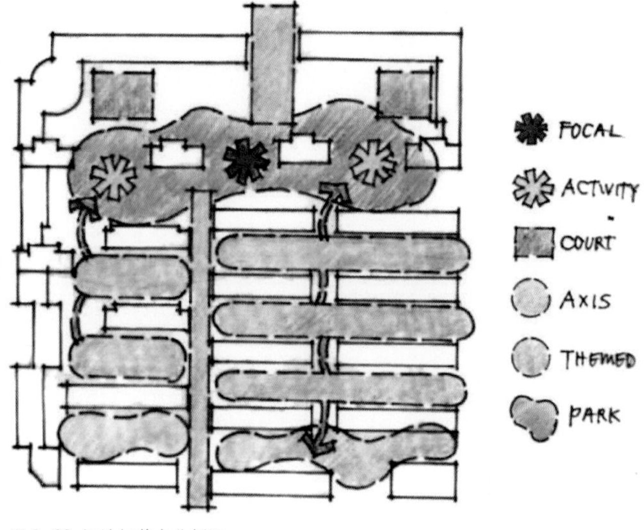

图 2–33 场地与节点分析图

美观、科学观进行反复比较，最后得出一种最优秀的设计方案，遵循形式美规律已经成为当今景观设计的一个主导性原则。探讨景观设计中形式美的规律对创造出最优化的人类景观系统有着不可或缺的作用。

形式美规律是带有普遍性、必然性和永恒性的法则，是一种内在的形式，是一切设计艺术的核心，是一切艺术流派的美学依据。在现代景观设计中，形式要素被推到了较为重要的位置，只有正确掌握了形式美感要素才能把复杂多变的设计语言整合到形式表现中去。如今的景观设计早已不同于狭义的“园林绿化”，设计师综合运用统一、均衡、节奏、韵律等美学法则，以创造性的思维方式去发现和创造景观语言是最终的目的。

2.3.1 景观设计的形式美法则

1. 多样与统一

在景观设计中，首先要把握整体的格调，这是取得统一的关键。任何一个景观，都有一个特定的主题，应该在分析其所在的场地、周围的环境、景观的功能目的，以及景观的主题等各种因素后，确定一个整体的构思，表现出其整体的格调。在设计过程中，将这一整体的构思和格调贯穿于景观设计的全部要素之中，从而形成统一的特色，统一手法一般是在环境艺术要素中寻找共性的要素，例如形状的类似，色彩的类似，质感的类似，以及材料的类似等，在统一协调的基础上，可以根据景观表现的重点和主题，进一步发展设计，寻求变化，形成序列感，同时丰富设计，因此多样统一的设计法则可以突出体现整体风格，使人们对景观的整体印象亲切而深刻。例如当屋顶花园的主题与格调以表现休闲为主时，设计者选用了圆和弧线为创作手法，因此虽然景观造型形式很多样，但都是统一于各种圆和弧线当中，使设计显得丰富而协调（图 2-34）。

2. 主从与重点

在景观设计中，一个重要的艺术处理手法就是在构图中处理主景与配景的关系，要通过配景突出主景，从而使景观具有独特的特性或是灵魂。具体的方法包括以下几种。

（1）主景升高或降低法

通过地形的高低处理，能够吸引人的注意力。降低法最常用的即是利用下沉广场的做法，当地形发生改变后，人的视线也发生改变，俯瞰和仰观一样可以产生主景的中心（图 2-35、图 2-36）。

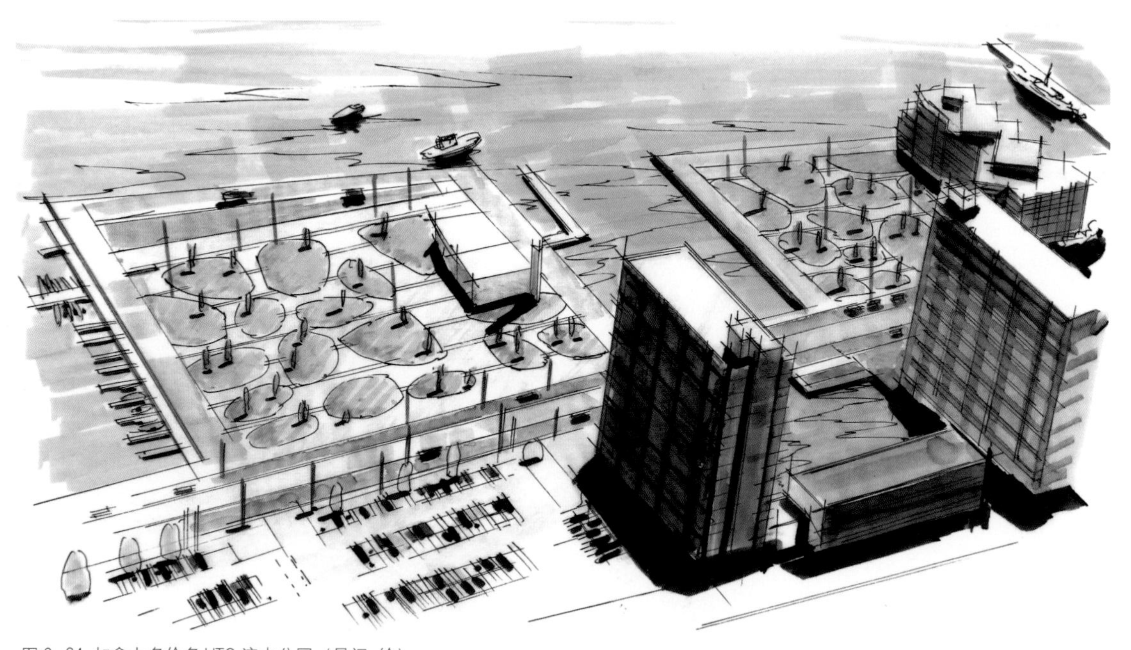

图 2–34 加拿大多伦多 HTO 滨水公园（吴闵 绘）

图 2-35 山东济南泉城广场（主景升高法）

图 2-36 北京大兴区首开万科中心（主景降低法）

图 2-37 绿城杭州云栖玫瑰园（轴线对称法）

（2）轴线对称法

轴线可强调出景观的中心和重点（图 2-37）。

（3）动势向心法

这种方法是把主景置于园林空间的几何中心或相对重心部位，使全局规划稳定适中，如美国底特律的哈特广场中的喷泉，虽然周围景物不是对称布置，但由于所设置的位置为整个广场的几何中心，因此还是成为整个广场的中心（图 2-38）。

图 2-38 美国底特律哈特广场（动势向心法，王悦 绘）

3. 对比与微差

对比是指各要素之间有比较显著的差异性，微差指不显著的差异。对于一个完整的设计而言，两者都是不可或缺的。对比可引起变化，突出某一景物或景物的某一特征，从而吸引人们的注意，并继而引起观者强烈的感情，使设计变得丰富；但采用过多的对比，会使设计显得混乱，也会使人们过于兴奋、激动、惊奇，造成疲惫的感觉。微差强调的是各个元素之间的协调关系，但过于追求协调而忽视对比，可能造成设计呆板、乏味。因此在设计当中如何把握对比与微差的关系，是设计能否取得成功的关键因素之一。

同时对比与微差使用的比例也要看所设计景观的具体要求，例如在休息空间，就应该采用调和的设计手法，营造安静、平和、稳定的空间感受，而在娱乐空间就应该多采用对比的手法，以引起人们的感官刺激；另外，为老人设计的空间应该多采用调和的设计因素，为儿童设计的空间则可多采用对比的手法，以符合不同使用者的生理和心理特点（图 2-39、图 2-40）。

4. 均衡与稳定

在自然界包括人自身，绝大多数事物都是均衡的，在重力场的作用下，又都体现出很稳定的形态。均衡包括静态均衡与动态均衡两种，而静态均衡中又包含对称均衡和非对称均衡两种，其中，由于对称的形式本身具有均衡的特性，因而具有完整统一性，而且由于对称均衡严格的组织关系，使得这种均衡体现出一种非常严谨、严肃、庄严的感觉，在现代景观设计中，对称均衡也常常用于强调轴线，突出中心的设计部分，或是用于比较严肃的设计主题当中，如政府办公楼前的景观设计（图 2-41）。

动态均衡是依靠运动来求得平衡，例如螺旋的陀螺、奔驰的动物、行驶中的自行车，都属于动态平衡，一旦运动终止，平衡的条件也随之消失。由于人们欣赏景物的方式有静态欣赏和动态欣赏两种，尤其是在园林景观中，更强调其动态欣赏，因此，景观设计非常强调时间和运动这两方面因素。在这一点上，中国古典园林所强调的步移异景等造园思想就体现出中国古代造园家早就在园林设计中运用了动态平衡的设计手法。因此，在现代景观设计中，更是要将动态平衡与静态平衡结合起来，从连续的进行过程中把握景观的动态平衡变化。

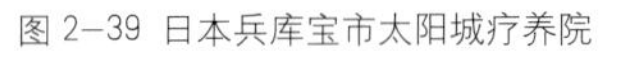

图 2-39 日本兵库宝市太阳城疗养院

图 2-40 某儿童乐园

图 2-41 苏州工业园区行政中心（吴闵 绘）

图 2-42 柱廊结构（简单韵律）

5. 韵律与节奏

在景观设计中，常采用点、线、面、体、色彩和质感等造型要素来实现韵律和节奏，从而使景观具有秩序感，运动感，在生动活泼的造型中体现整体性，具体包括以下几种。

（1）简单韵律

同种形式的单元组合重复出现的连续构图方式称为简单韵律。简单韵律能体现出单纯的视觉效果，秩序感与整体性强，但易显得单调，例如行道树的布置、柱廊的布置、大台阶的运用等（图 2-42、图 2-43）。

（2）交替韵律

有两种以上因素交替等距反复出现的连续构图方式称为交替韵律，交替韵律由于重复出现的形式较简单韵律多，因此，在构图中变化较多，较为丰富，适合于表现热烈的、活泼的具有秩序感的景物。例如两种不同花池交替组合形成的韵律，两种不同材料的铺地交替出现形成的韵律（图 2-44、图 2-45）。

图 2-43 玻璃幕墙（简单韵律）

图 2-44 交替韵律（鸟瞰图）

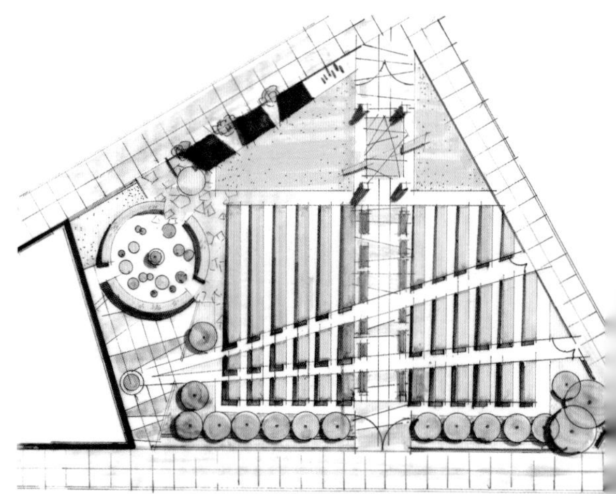
图 2-45 交替韵律（平面图）

(3) 渐变韵律

渐变韵律指重复出现的构图要素在形状、大小、色彩、质感和间距上以渐变的方式排列形成的韵律，这种韵律根据渐变的方式不同，可以形成不同的感受，例如色彩的渐变可以形成丰富细腻的感受，质感的渐变可以带来趣味感，间距的渐变可以产生流动疏密的感觉等（图 2-46）。

6. 比例与尺度

在景观设计中，比例的运用贯彻于设计的始末，主要表现在两个方面：一方面是景观各个组成部分之间及各部分与整体之间的比例关系，例如景观的入口部分在整个景区所占的比例是否合适，或景观的起始阶段与景观的中心所占的比例是否合适，还有如在小区活动中心，儿童活动场地所占的比例是否合适，儿童和老年活动场地的比例是否恰当等，这些都属于在规划阶段就应该考虑的各种比例问题；另一方面，是景观各组成部分整体与局部的比例，或局部与局部之间的比例，主要指具体微观方面的设计，应用更加广泛，以一个广场设计为例，广场的硬质景观占广场的比例，广场所选用的地砖的大小与面积的比例，广场上选用植物的大小与广场的比例等，几乎每一个设计要素都要考虑比例关系。

在景观设计中，易缺失尺度的概念，一方面可能是景观过大，另一方面许多景观要素不是单纯根据功能决定的（台阶形成尺度感）。因此在处理尺度的关系上，可以根据与人密切相关的要素作为尺度标准。例如通过一些为人服务的景观设施来确定景观的具体尺度，包括座椅，栏杆，小型建筑，如廊子、亭榭等来协调各景观要素的比例。

在某些特殊功能和特殊主题的景观设计中，可以有意识地利用超尺度的手法来达到特殊的效果。有时用夸大的尺度以显示景观的恢宏壮观，使人感到自身的渺小，从而产生敬畏的感情；或在微缩景观中，用缩小的尺度把别处的景观微缩移植过来供人们参观。

2.3.2 景观构图形式

传统的景观构图形式包括几何法与自然法，在景观设计学科不断发展的今天，尤其是近年来，形式越来越多样化、充满创意的设计作品的出现，也丰富了景观设计的形式美。

1. 几何构图

几何造型元素可以说是运用于各行各业，但在景观中的运用与其他行业还是有所区别的。几何造型元素在景观中是要解决人地之间的关系，讲究的是因地制宜，适应环境的设计。突出“极简”的几何造型是现代景观设计文化中突出的特点之一。

几何造型有二维和三维之分。二维几何造型是由基本的几何元素点、直线、曲线、平面、曲面等构成的几何物体；三维立体几何通常是指空间的有限部分，一般由三条或更多的边、曲线，或者以上两种因素的结合而形成，具有一定规则性与封闭性，如棱柱体、立方体、圆柱体、球体等。在概念方案阶段，我们更注重的是总体的平面布局，所以这里只针对平面几何图形对于景观设计的构图进行详细讲解。

(1) “点”和“线”在景观设计中的运用

① 景观中的“点”

图 2-46 渐变的韵律可以增加景物生气

几何元素“点”在空间中会使视线不由自主地聚焦于此，当空间中有大小不同的两个点时，视线就会由大点移动到小点，从而产生由大到小、由近到远的错觉感受。现代景观设计时通常将形状大小适中的内容，如植物、山石、亭台、灯光、水池、雕塑等物化成有一定位置的点元素。在景观设计的平面布局中点的功能与装饰性有所区分，具有功能作用的点有实实在在的功能作用，而装饰性点则作为视觉形式的需要成为视觉信息传递的语言符号。这种装饰点缀在景观环境中是必不可少的“软装饰”，例如在单调的地面上装上地灯作为点缀，以点的形式在大的环境中出现，使地面生动起来。点元素在绿色植物上的运用更常见，景观植物中的孤植、群植、丛植、片植都是以点元素的形式出现的，它是景观设计中极其特殊的元素，既具有功能性又有装饰作用（图 2-47、图 2-48）。

② 景观中的直线和斜线

直线在景观中被广泛应用，如道路、铺装、水体及植物造型。直线具有规则感和秩序感，具有简洁、清晰、和谐的特点，在复杂的景观空间构图中能简洁地划分空间，形成块、面的整体效果。直线造型在景观设计中随处可见。无论是线形的长廊还是水平屋檐的建筑，都体现了水平线给人带来的安静、开阔、稳定的感受；垂线多应用于景观结构或骨架表现，笔直的树木、垂直的栏杆，有序的排列，丰富了竖向的景观并创造出韵律美和节奏感（图 2-49、图 2-50）。

直线作为景观设计中常用的表达形式，时刻影响着现代景观设计。随着人对速度和效率的追求，景观设计更趋向于简洁、干练、个性和富有动感的设计。现代景观设计要求更加人性化，既要有古典园林的几何对称，又要有传统景观的自然，更要体现人性的舒展和个性的张扬（图 2-51）。

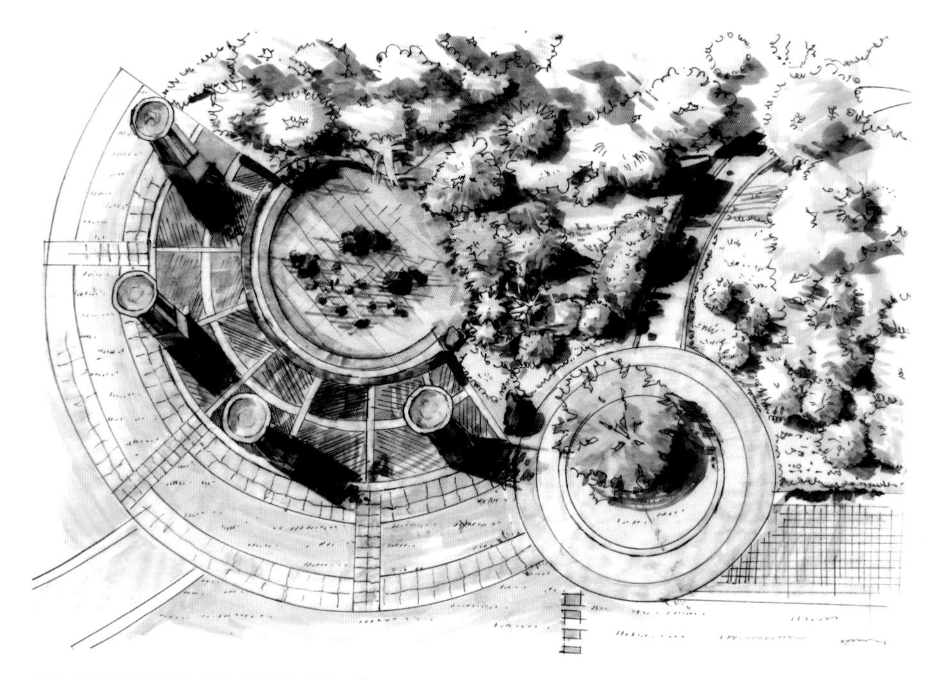

图 2-47 同心圆设计（福建福清中联蓝天花园）

图 2-48 入口景观设计（福建福清中联蓝天花园，王悦 绘）

图 2-49 直线纹理铺装设计

图 2-50 竖向景观设计（爱尔兰都柏林大运河广场）

图 2–51 直线分割道路设计

图 2–54 景观设计中的斜线（成都赛门铁克软件开发公司）

图 2–52 景观设计中的斜线

图 2–55 曲线道路设计

图 2–53 景观设计中的斜线（成都赛门铁克软件开发公司）

斜线在景观中具有方向感和运动感，在空间中更具艺术性，能够打破空间严谨的形态。在空间设计中的斜线有两种表现形式，一种是为了打破规整布局，寻求变化和趣味性，是平面上具有一定角度的线形；另一种则是作用于平面中的坐标系统，这些具有一定角度的坐标系统由两个或更多条线组成，在局部可定义为一些斜线。景观中的斜线多体现为花架、座椅、景观墙或者是构筑物的轮廓或边缘（图 2-52 ～图 2-54）。

③景观中的曲线

曲线的形式对人更具吸引力，也更有生活气息，在自然环境下曲线更具自然性和表现性（图 2-55、图 2-56）。中国古典园林中运用曲线多于直线，曲线的山石、水体、植被及设施造型更贴近于自然形态，应用曲线可以制造出景

图 2–56 曲线道路设计

观中山峦叠嶂的假山，曲折径流的溪流，以及含蓄深邃的园路。现代景观中曲线通过色彩、光影的结合能够创造出新的空间，而带有韵律感的自由线条则是很多公共设施创意的源泉。曲线是景观设计应用较灵活的元素，线性语言是空间分割和空间功能的完美符号，无论是在娱乐空间或休闲场所，活泼的线形更能展现个性化的特征，且很难被复制。

（2）“面”在景观中的运用及构图方法

面在几何学中解释为线移动所形成的轨迹。面的形态体现了整体、厚重、充实、稳定的视觉效果。任何面积较大的形都会在视觉上给人以面的感觉，首尾相接的线条形成的视觉空间也有面的感觉。面有两种类型，一种是内部充实的实面，一种则是内部空虚的虚面。

①圆在景观设计中的运用及构图方法

圆是由规则而封闭的曲面构成的立体要素，其中所有的点都运动于这个区域内。圆的魅力在于它的简洁性、统一感和整体感。它也象征着运动和静止的双重特征。景观中的圆形面具有“浑然”“张力”的特征，能够表现出事物的完美性（图 2-57、图 2-58）。

单个圆形构图设计出的空间能突出简洁性和力量感，但单个圆形又会使人感到单一和呆板，所以会通过不同的变化来实现不同的圆形构图形式。

同心圆构图：同心圆指同一平面上同一圆心而半径不同的圆，或者说是以一个圆为基准向内或向外偏移一定距离形成的图形。同心圆会给人很强的向心力与聚合力，形成视觉焦点与中心。同心圆构图形式在景观设计中的运用非常普遍，通常会在一些中心活动广场或者水景中应用（图 2-59、图 2-60）。

图 2-57 圆形匝道口景观设计

图 2-58 圆形下沉叠水景观设计（李娜 绘）

图 2-59 同心圆建筑前广场设计（吴梦珊 绘）

图 2-60 同心圆水景设计

图 2-61 直线切割圆构图

图 2-62 折线切割圆构图（意大利索洛的 Nember 广场）

直线切割圆构图：直线与圆相交，将圆切割成若干部分，不再是由单一的圆的图形构成，会产生眼前一亮的感觉。圆与多条平行直线相交之后，使场地更具有指引性和序列感。圆与折线相交，通过植物的空间阻隔，使单一的圆形空间变为了多个空间组合形式（图 2-61、图 2-62）。

同心圆与直线切割组合构图：将以上两种形式组合起来，会产生别样的效果。

首先，先大致画出场地的功能概念图，然后准备一组同心圆网格，过圆心画直线，再根据概念功能图的尺寸和位置，遵循网格线的特征，绘制实际物体平面图。所绘制的线条可能不能与下面的网格线完全吻合，但它们必须是这一圆心发出的射线或弧线。擦去某些线条简化构图，与周围元素形成 90° 角的连线（图 2-63）。

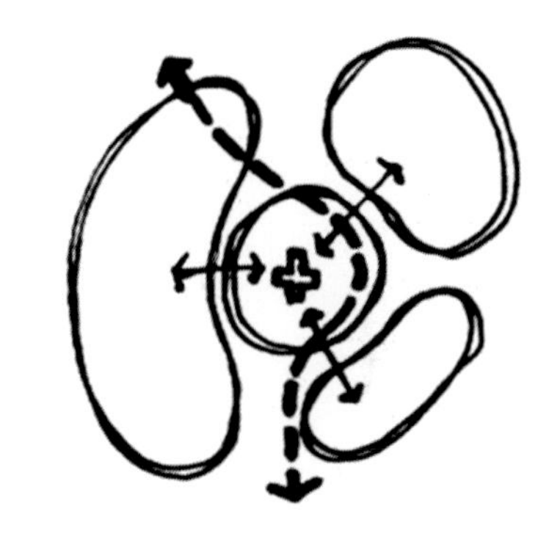

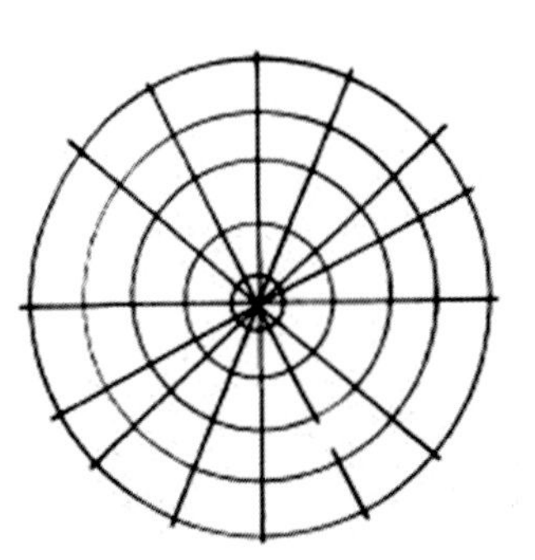

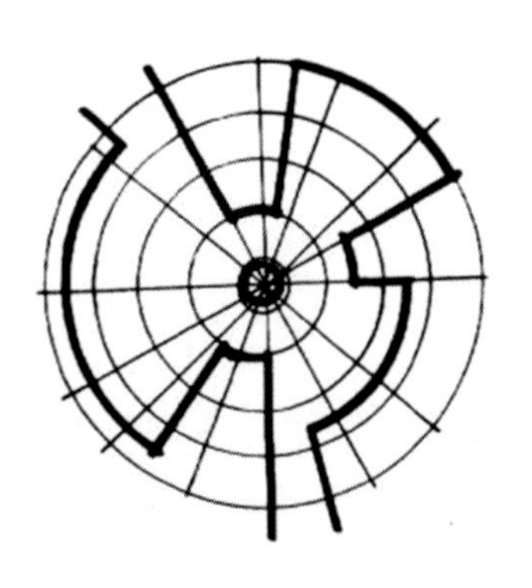

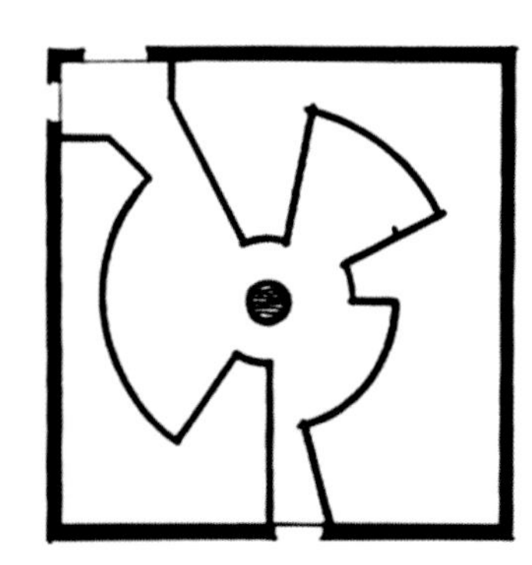

图 2-63 同心圆直线切割

运用同心圆与直线切割组合构图，在景观设计中的案例如图 2-64、图 2-65 所示。

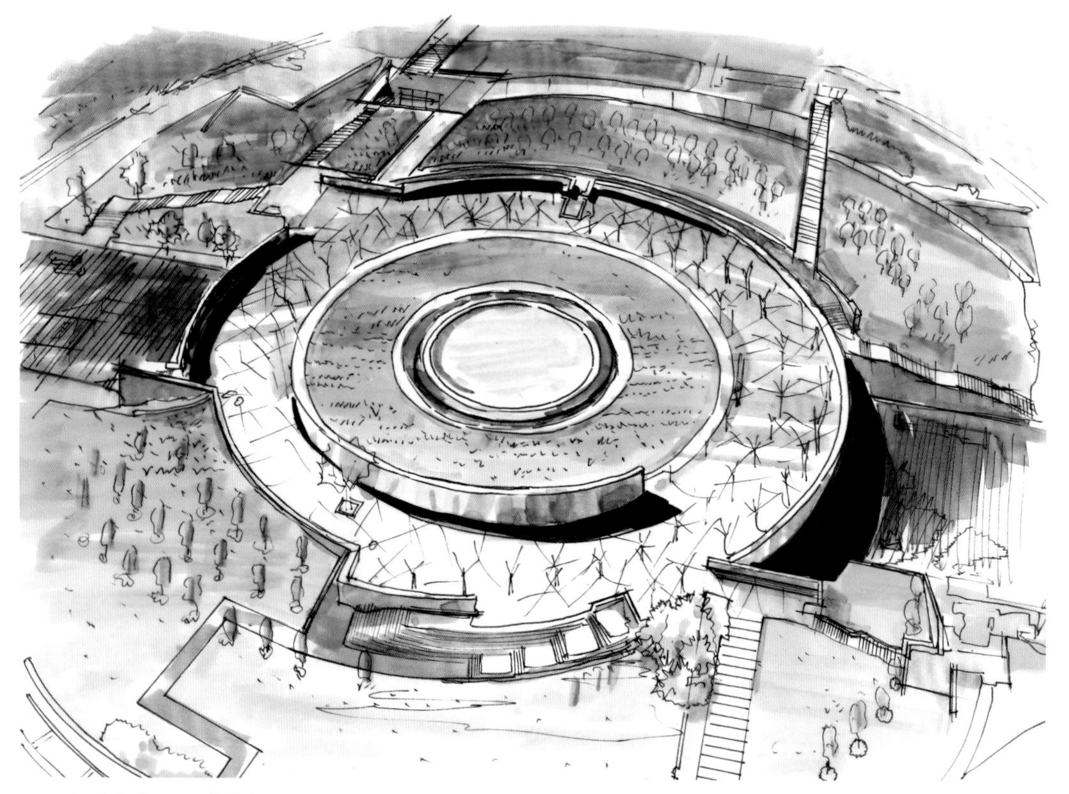

图 2-64 北京 CBD 现代艺术中心公园（吴梦珊 绘）

图 2-65 日本东京中城商业街区（吴梦珊 绘）

多圆组合构图：大小相同或不同的多个圆按照一定的规律组合，形成的多圆组合，会产生意想不到的视觉效果。多圆组合的基本模式是不同尺度的圆相套、相切或者相交。多圆的变化同样要根据场地的功能概念图来进行相应的变化。

按照之前介绍的功能分区概念设计的方法，先将场地的概念运用图形表现出来，当几个圆相交时，把它们相交的弧调整到接近 90° 角，可以从视觉上突出它们之间的交叠。通过擦掉某些线条、勾勒轮廓线、连接圆和非圆之间等方法简化内部线条，就形成了多圆相交后形成的组合构图的场地（图 2-66）。

在实景案例中，不乏多圆相交的案例（图 2-67、图 2-68）。除了多圆相交，也会有多圆相切的组合构图形式。相切的多圆没有破坏彼此的完整性，同时又相互关联，形成完整又统一的组合构图形式（图 2-69、图 2-70）。

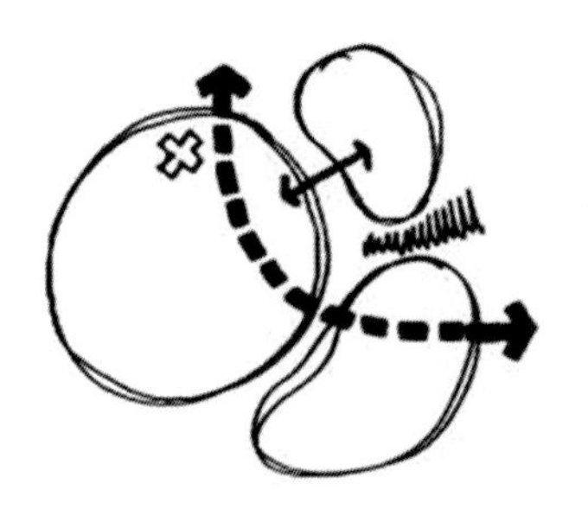

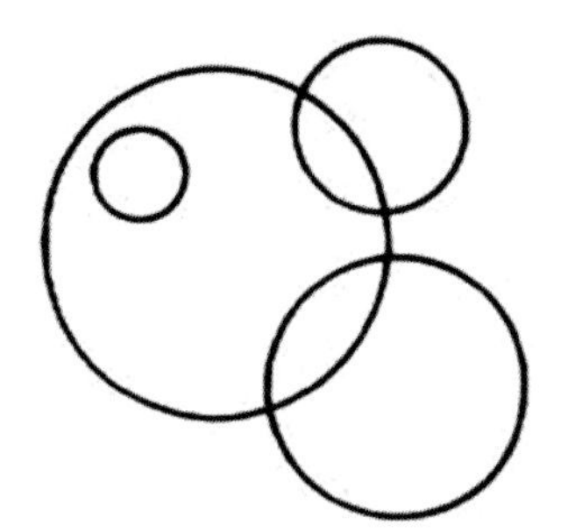

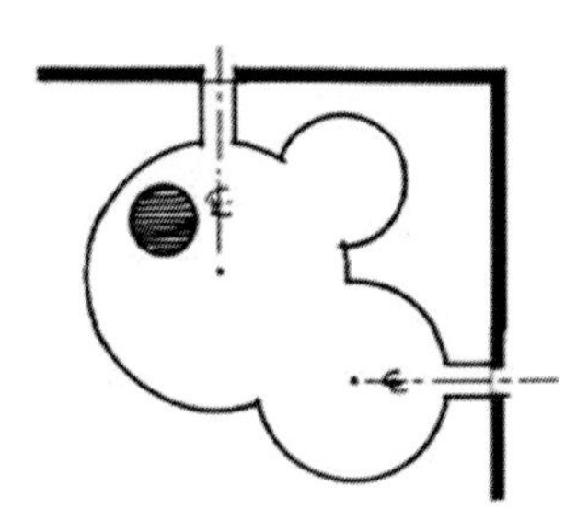

图 2-66 多圆组合构图演变

图 2-67 多圆相交设计方案一

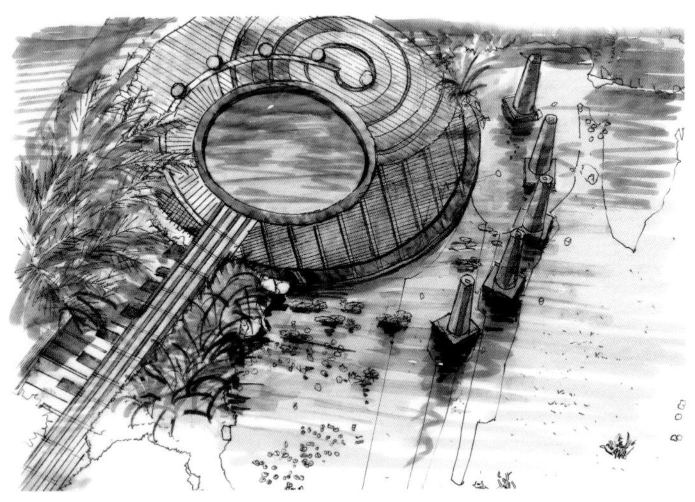

图 2-68 多圆相交设计方案二

图 2-69 多圆相切设计方案一（吴梦珊 绘）

图 2-70 多圆相切设计方案二（新加坡滨海花园，刘珍妮 绘）

多圆与切线的组合构图，将场地的轮廓由纯圆形延伸到了直线与弧线组合的形式（图 2-71）。多圆与切线的组合有 90° 角和非 90° 角的不同组合形式。实景的案例也非常多（图 2-72、图 2-73）。

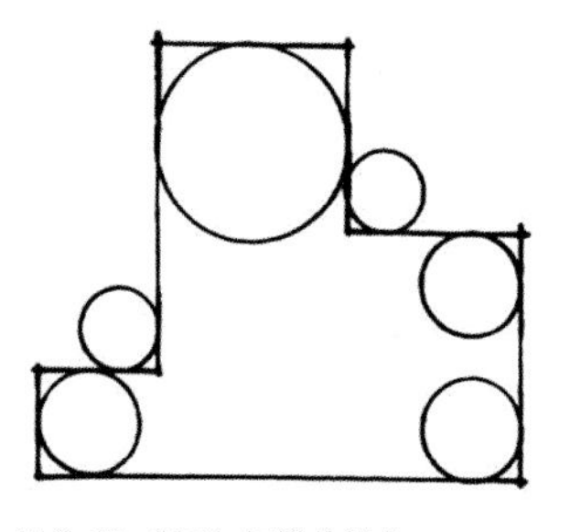

图 2-71 多圆与切线的组合

另外，多圆还可以按照同心圆或者与直线相交，形成丰富的组合构图。如图 2-74、图 2-75 就是多圆同心圆的组合构图，以及多圆被直线切割后的组合构图。

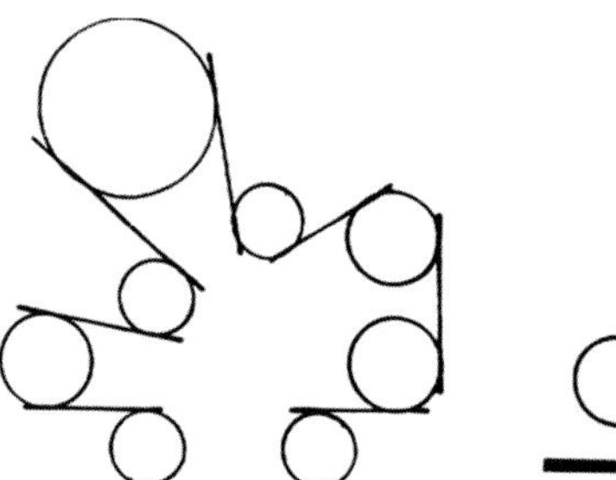

图 2-72 地面与花坛切割

图 2-73 北京银河 Soho 设计

图 2-74 北京大兴区万科中心（刘珍妮 绘）

图 2-75 德国柏林索尼中心广场景观设计项目

椭圆构图：正圆形由于其形状的完美，在设计中反而显得呆板，因此景观设计中经常看到椭圆形的广场、花坛，用这种圆面的变化形式打破正圆缺少的变化感，使原本安静的景观有了动态的趋势。同时，圆形的一些变化形式如同心偏移、直线切割、多圆组合同样也适用于椭圆构图（图 2-76、图 2-77）。

② 矩形、方形在景观设计中的运用及构图方法

矩形、方形给人中规中矩的感受，在欧洲古典园林中方形的应用比较多，特别是皇家园林设计中，方形更是重要的元素。矩形是最简单也是最常用的设计图形，它与建筑原料形状相似，易与景观建筑搭配，适合于各种景观创作。矩形具有平稳、规律、整洁的特点，经常出现在简约风格的景观设计之中。正方形和矩形经过黄金分割，比例最富于美感，因此常以面的形式用于景观的平面设计之中（图 2-78 ～图 2-81）。

图 2-77 建筑前景观设计（椭圆构图）

图 2-78 矩形在景观设计中的运用

图 2-79 美国“9 · 11”国家纪念广场

图 2-76 建筑前广场设计（椭圆构图）

图 2-80 天津东丽湖万科城五期中心（张唐 绘）

图 2-81 美国纽约“9·11”纪念公园

图 2-82 上海世博园亩中山水园（王悦 绘）

图 2-83 成都华邑阳光里的矩形排列布置（王悦 绘）

方形在平面构图中被归类为面的一种形式，正方形的面虽然简洁方正，却会产生乏味单调的感觉。所以，也可以多种方形组合构图。方形主要的组合方式有交错组合、排列布置、阵列等（图 2-82 ～图 2-84）。

图 2-84　阵列组合设计

③ 三角形构图

三角形具有牢固、稳定的特征。在景观中经常作为个性的代表。三角形的面在现代景观设计中常用来作为景观的铺装和个性化的景观造型，它具有的稳固形状给人一种稳定、敏感、醒目的感觉。而且现在越来越多的景观空间选择用三角形来构图（图 2-85、图 2-86）。

图 2-85 三角形构图设计

图 2-86 三角形构图设计

图 2-87 六边形构图

④ 多边形构图

六边形构图：神奇的自然界创造出了许多神奇的图形，细心观察就会发现，六边形受到了广泛的青睐。比如常见的蜂巢、雪花、龟壳上的图案、长颈鹿身上的花纹等都是六边形的图案。正六边形的六条边、六个角都是相同的，而且它有六条对称轴。

正六边形在景观中的运用十分普遍，小到铺装样式、水景、构筑物，大到空间形态，都有很广泛的应用。中国传统园林中也对正六边形情有独钟，例如古典园林中常见的六角凉亭、景墙的镂空窗、地面拼花图案、窗的花纹等（图 2-87 ～图 2-89）。

图 2-88 多边形花坛设计

图 2-89 苏州拙政园荷风四面亭（王悦 绘）

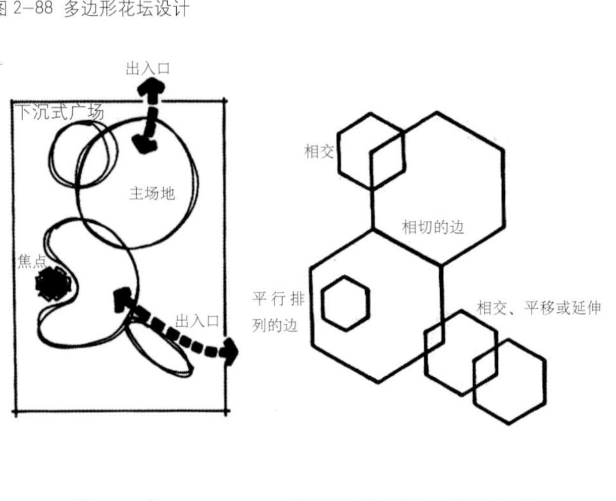

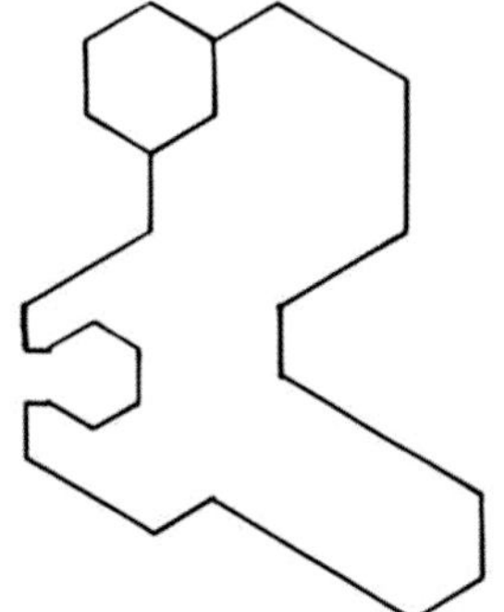

图 2-90 六边形组合构图

六边形的组合构图无非就是多个六边形的同方向的边平行，然后两两相交或者某一条边进行重合，再通过变化某些六边形的大小来实现不同变化（图 2-90）。

另外，六边形还可以通过排列组合，形成蜂巢的构图形式（图 2-91、图 2-92）。

图 2-91 蜂巢构图设计

图 2-92 内庭六边形地面拼花图

图 2-93 中式八角门（八边形构图）

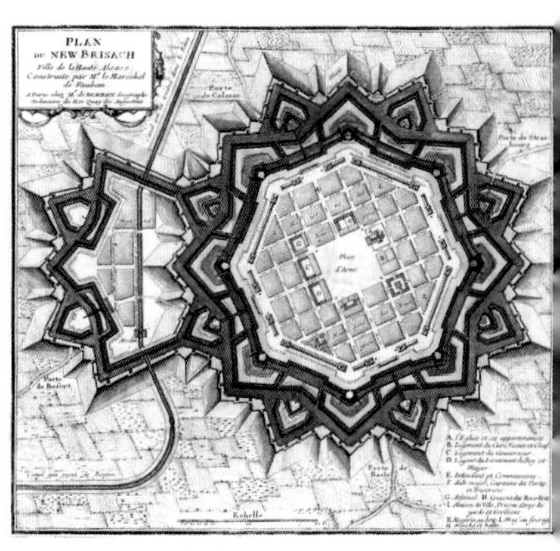

图 2-94 法国上莱茵省理想城

八边形构图：八边形是由八条线段围成的封闭图形，若八条边长度相同，则为正八边形，我国八卦形态就是正八边形。与六边形相同，八边形也是景观设计中比较常用的构图形式。在一些构筑物、水景、铺装、门窗、空间场地，甚至城市形态上都会运用到八边形构图（图 2-93 ～图 2-96）。

图 2-95 八边形喷水池

图 2-96 法国上莱茵省理想城（王悦 绘）

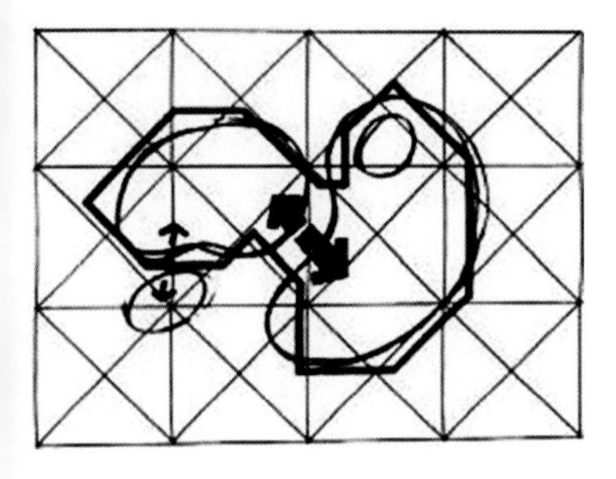

沿着网格的角度画出线框，没有必要很精确地描绘网格上的线条，但要尽量使线条与网格的边平行。当改变方向时，主要的角度应该是 135°，可以出现 90°，但要尽量避免 45° 角的出现。实景中的八边形变形组合的例子也是屡见不鲜的（图 2-97 ～图 2-99）。

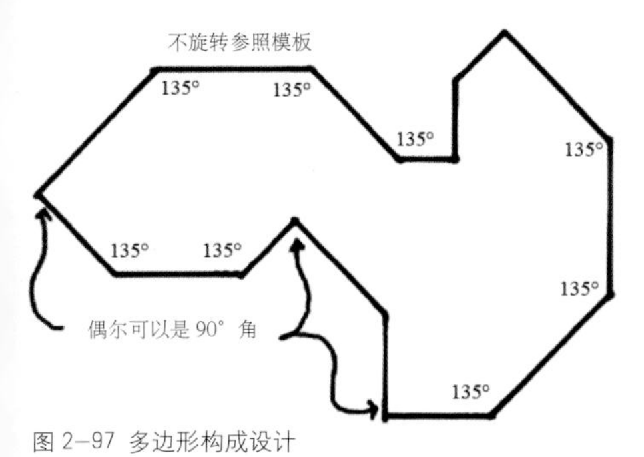

图 2-97 多边形构成设计

图 2-98 广场设计（多边形不规则设计）

图 2-99 多边形地面拼花（王悦 绘）

⑤ 多种图形组合的构图

在景观设计中，整个场地都用一种图形来构图的情况还是很少的，大部分情况会有两种以上的图形相结合。这种组合的构图形式，往往能在很大程度上增添场地的多样性与丰富性，从而给人以活泼、激情的感受。但并不是任意两种图形就能随意搭配，一味地追求大胆的差异，不但不会感觉到美感，反而会适得其反，给人产生厌恶感。图 2-100 ～图 2-105 展示了一些不同图形结合之后产生的比较优秀的构图形式。

图 2-100 圆与直线、矩形的搭配（吴梦珊 绘）

图 2–101 圆弧与方形搭配（王悦 绘）

图 2–103 同心多边形与直线搭配

图 2–104 圆弧与不规则曲线、椭圆搭配

图 2–102 圆与不规则多边形搭配（王悦 绘）

图 2–105 三角形与圆、直线、矩形的搭配

图 2–106 弯曲的河流

图 2–107 曲线水系

图 2–108 曲线花境

图 2–109 曲线园路

2. 自然形态构图

在一些景观项目中，由于受到场地本身的限制，纯几何形体构图往往不如自然形体的构图方式。因为自然构图相对比较松散、更贴近生物有机体，更适合场地形态，使人的感官更舒服。另外，场地若位于充满粗糙的人造元素的坚硬的城市环境中，项目甲方更希望看到的是一些松弛的、柔软的、自由的、贴近自然的元素。由此，打造自然景观空间则成为更适应场地且能被大众认同的方法。

自然景观是人与建筑室外场地以及自然环境三者能够和谐共处的一种状态。这种状态取决于场地本身固有的条件和场地设计的方法。同时这种状态普遍被分为三个层次。由高到低分别为：

第一个层次，是生态设计的本质，它不仅是重新认识自然的基本过程，而且是人类行为最小程度地影响生态环境，并在此基础上促进自然再生需求的要求。例如还原荒漠生态环境系统、湿地系统恢复等。

第二个层次，是还未上升到维护生态系统的高度。在城市环境中创造一些自然景观。运用植物、水、岩石等自然材料，并以自然界的存在方式进行布置，从而营造出接近自然般的环境。

第三个层次，设计时很大程度上缺乏对生态系统的考虑，环境主要由一些人工材料诸如水泥、石材、砖、玻璃、木材等组成。在这样一个人造的环境中，设计的构图形状和布置方式映射出自然界的规律。

对于第一个层次，属于景观生态学的范畴，在本章节中并未涉及；第二个层次在第三章中有相关内容介绍。所以在本章节仅介绍第三个层次，也就是借鉴自然界的一些形态的景观构图形式。

（1）自然曲线

蜿蜒的曲线，可以说是景观设计中应用最广泛的自然形式。在自然界随处可见，例如弯曲的河流、蜿蜒的丘陵等（图 2-106）。

景观设计中借鉴弯曲的河道设计蜿蜒的园路、花境等景观。模仿丘陵设计微地形（图 2-107 ～图 2-110）。

在一些场地和构筑物上也运用曲线的造型（图 2-111、图 2-112）。

不止在平面上，在一些立面上也会有曲线的应用（图 2-113）。

在场地设计之初，也可以通过自由曲线来组织场地交通，形成方案初稿（图 2-114）。

图 2–110 曲线地形

图 2-111 曲线台阶

图 2-112 曲线木栈道

图 2-113 曲线绿篱

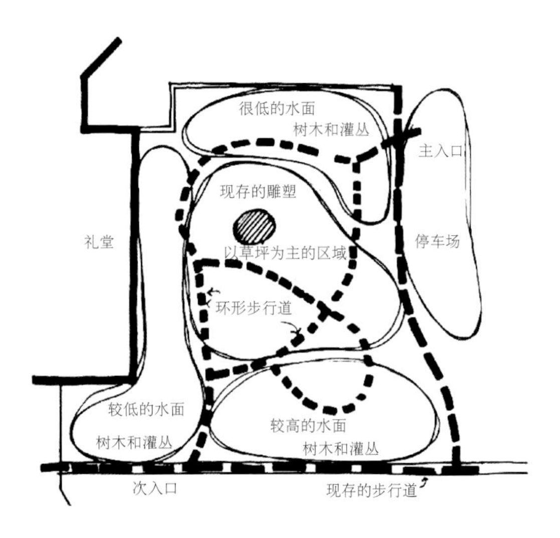

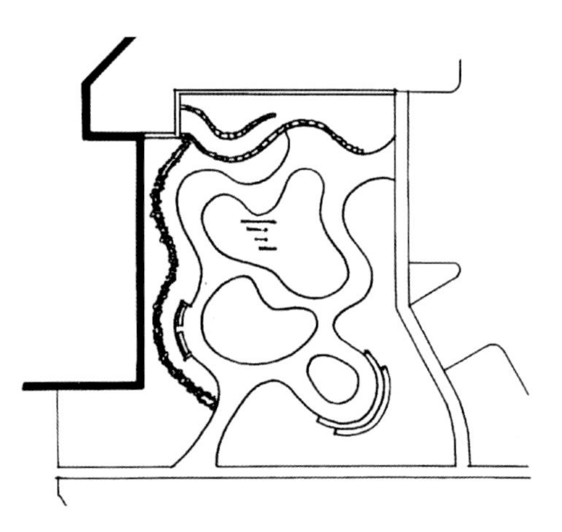

图 2-114 自由曲线组织画面

（2）螺旋体

在自然界存在着二维的螺旋体和三维的螺旋体、双螺旋结构。景观设计中，对螺旋体的运用还是比较多的。在平面景观中，二维螺旋体会运用在一些园路、铺装中；三维螺旋体在台阶中运用较多；双螺旋结构在一些比较复杂的构筑物中会有运用（图 2-115 ～图 2-118）。

图 2-115 螺旋体园路

图 2–116 螺旋体台阶

图 2–117 双螺旋体，新加坡螺旋桥（王悦 绘）

图 2–118 螺旋体铺装

（3）不规则多边形

自然界存在着很多无方向性、随机的多边形分布。这种松散的、随机的特点让它区别于其他一般几何体。在景观设计当中，一些铺装图案、汀步、种植池、构筑物等会采用这种形态来构图（图 2-119 ～图 2-121）。

位于荷兰恩斯赫德的融贝克商业街，就有以不规则多边形构成的“冰融景观”。水景以即将融化的冰以及水纹为灵感，以不规则多边形的水上汀步和波纹曲线的池底花纹为主要元素，打造出了一处别致的“冰融景观”。尤其在刚下完雪后，水中白色的汀步就如同冰块一般，整个场景格外生动形象（图 2-122 ～图 2-125）。

图 2–119 大连金石滩龟背石

图 2–120 大连金石滩龟背石

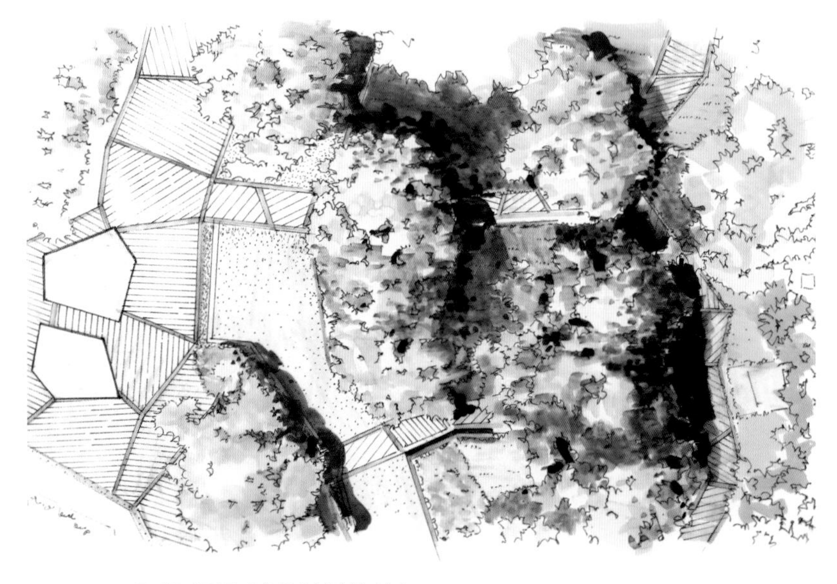

图 2–121 不规则多边形景观空间（刘珍妮 绘）

图 2–122 不规则多边形

图 2–123 不规则多边形汀步

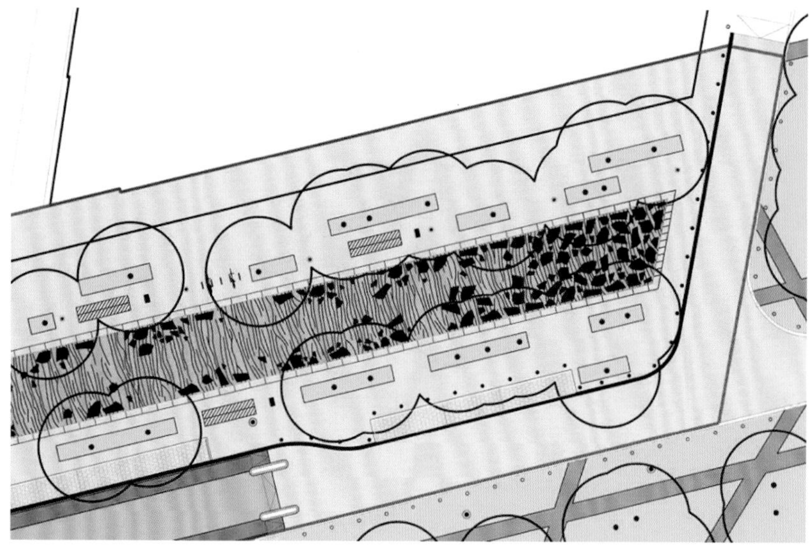

图 2–124 荷兰恩斯赫德的融贝克商业街平面图

图 2–125 荷兰恩斯赫德的融贝克商业街实景照片

图 2–126 海水退潮后在沙滩上留下的痕迹

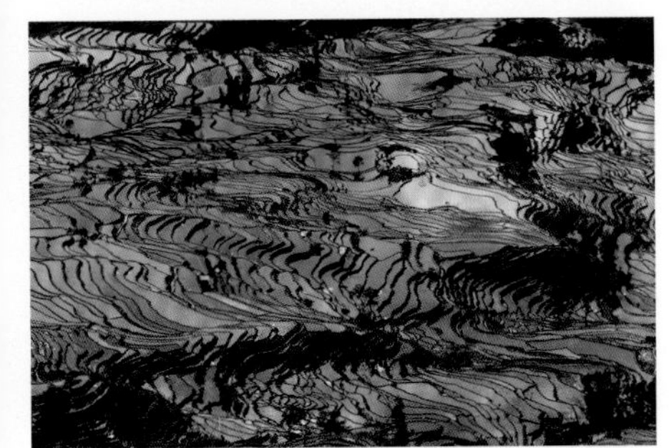
图 2–127 云南元阳梯田

图 2–128 山脉与田地

图 2–129 葡萄牙形态宛如"中国龙"的奥德莱蒂河

图 2–130 放大 300 倍后的砂子

图 2–131 放大 300 倍后的砂子

（4）其他自然形态

除了以上列举的比较常见的一些自然形态，自然界还有很多形态是极具美感的。需要我们多留心，细心观察。在创作时多思考，能将自然界一些形态经过艺术加工之后，运用在景观方案设计之中（图 2-126 ～图 2-131）。

3. 历史文脉的具象构图

历史文脉，是指一个城市，一个地区，一个国家，历史遗留下来的文化精髓及历史渊源。文脉表现出来的形式很多，比如文化古迹、历史事迹、雕塑、风土民俗、音乐、诗歌、舞蹈等。从一个城市上来说，文脉就像一个人的性格，彰显着一个城市的形象与内涵。若能在景观设计中将历史文脉体现出来，在增加游人舒适度的同时，还能加深人们对历史文化的认同感和自豪感，让历史文脉在景观设计中得以传承和发展。

（1）历史文脉在景观设计中的体现方法

一个地区的历史文脉在景观设计中的体现方法有以下几种：

① 主题专类园的形式

文化风景区以及专类园中的文化主题公园、纪念性公园是典型的以介绍、展示、保护历史文化为目的的公园景观。旨在通过景观来向游人展示某一历史或文化主题，并以不同的景观形式来增加人们的认同感与当地居民的自豪感，以达到寓教于乐的目的。

② 文化符号形式

将历史文脉的各种外在形式（古迹、民俗、建筑、诗歌、音乐等）具象化后提炼出相应的符号，再通过艺术加工与处理，以主要构图或者以景观元素（雕塑小品、构筑物、水系、植物造型等）的形式融入到整个景观空间中。无论通过哪种方式，目的都是更全面、更生动地宣传历史文化，使其深入人心，从而才能将文化传承下去，使历史文脉得以延续。

（2）景观文化符号的设计手法

虽然不同地域、不同时间的文化符号之间存在着一定的差异，但不论是文化符号与自然人文环境的关系，还是其设计过程，都存在着一个常规的流程。

① 环境调查

自然环境是景观文化符号设计的最根本源泉。因此在设计景观文化符号时，首先要调查该场地的地形地貌、气候条件、植被条件、水文条件、地质条件等自然环境特征，寻找出与众不同的自然景观元素，并将其应用到景观符号创作当中。这也是在做整个景观规划设计之初场地分析中的人文环境分析的内容之一，目的就是根据当地的历史文化传统来进行景观文化符号的提取与设计。

② 文脉梳理

景观文化符号的设计，需要从景观符号原形的把握以及符号种类的识别开始，并将不同的景观类型进行分类、梳理。景观文化符号特征与早期乡土聚落的生活方式与文化历史息息相关，它能激起人们对地域特征——乡土的联想，挖掘出人们原始意识中对乡土的认知，唤起人们对土地生活模式的记忆，并将其最终沉淀为一种图式认知符号的表现。一般从该地区传统文化、传统民俗、生活方式和地区产业历史传统等方面来寻找当地景观符号的原形，梳理当地的历史文脉。

③ 符号创作

景观文化符号就如同语言一样，由不同的单词按不同的语法组织起来。通过形态、功能、结构、材料的变化表述历史文化，可以给不同的人带来不同的空间体验与心理认知，唤起不同的情景图式及“记忆”片断，从而形成众多符号化的景观。常用的有以下几种手法：

引借：从文化符号原形中截取某一部件或是图案纹样，重新组合，创造新秩序和新关系。这是一种最常用的符号手法，景观通过这样装点后起到景观与文化沟通的作用，并获得良好的视觉效果。不少优秀的景观作品就是较好地运用了传统文化中的典型符号而获得成功。

易位：某一系统整体形象的各部件在被打散破坏后，可以根据时代的审美意识，移动、调度原有位置进行重新定位。

重合：系统内部或系统之间原来各自独立的部件相互叠合，构成“第三形态”。重合是片断的集锦式组合，因而显得新奇、夸张。它一般不具有秩序性，但往往能塑造一种气氛或表达设计者眼中的某种印象或是对环境的意象。重合法也是一种行之有效的设计方法，但这种方法的获得需要特殊的训练，需要有一定的景观与建筑修养，有对传统和历史建筑母题装饰部件和形式的敏感性，它首先需要从历史和传统中选取一种或数种典型景观或建筑装饰部件或元素，随后对其进行重新组合和联接。

采用这种设计方法所达到的效果通常是既具有一定的历史连续性，又具有当代特征，是在新环境、新条件下对传统要素的巧妙利用。重合式组合手法起初多见于游乐场、博览会、商场等景观之中，由于它具有很强的表现力，应用范围也愈来愈广。

材质：从传统文化形式构成中抽取有代表性的片断或者元素，用现代新型材料（如不锈钢、镜面玻璃、陶瓷壁砖、霓红灯等）来建造，表现出历史的宏伟与现代感的完美结合。

减舍：让文化符号的精采片段融入新的景观文化符号中，成为新景观的一个部分，使景观与文化实现和谐相融。上海新天地的设计也成功地运用了减舍重构的设计手法，将原有一些代表上海 20 世纪初建筑风格的石库门民居建筑的外壳完整或部分地保留下来，并在室内做了一些改动，作为商业娱乐用房。也在一些地方做了新的设计，使用了新的材料和现代的景观建筑语汇在局部对旧建筑的外壳做了修改，同时加建了新的建筑，但旧建筑的精彩片断得以完整保留。新天地的建成可以说是结合中西、贯穿古今，一时间，国内外媒体对它争相报道，其商业价值陡然增长。上海新天地的设计无疑为中国的旧区改建提供了一条新的思路（图 2-132、图 2-133）。

图 2–132 上海新天地

图 2–133 上海新天地雕塑

图 2–134 北京故宫镂窗雕花

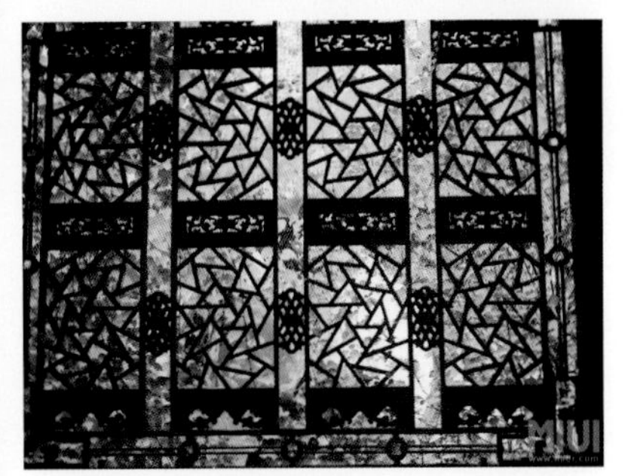
图 2–135 苏州留园镂窗雕花

图 2–138 四川自贡画糖人

图 2–139 源于中国但已失传、现存日本的手工蹴鞠

图 2–140 英国苏格兰风笛

图 2–136 福建永定土楼（吴梦珊 绘）

图 2–137 法国凡尔赛宫（刘珍妮 绘）

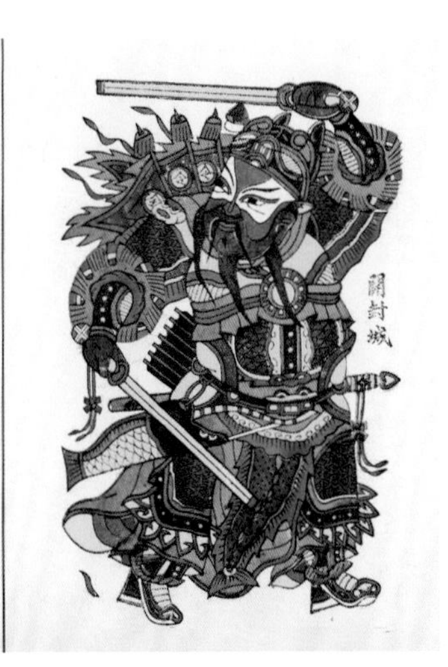

图 2–141 河南朱仙镇木板年画

虚幻：景观设计中将古典装饰符号通过反射、虚化而虚拟在景观上，达到特殊的效果。这种手法同时可以表现对传统和环境的尊重，它既提取了传统装饰符号并弱化景观的体量，又表达了对高技术的追求。在当代城市中，人们格外强调建筑与环境的协调，而颜色的类同、构件的引用，或体积感的虚化是人们最常采用的方式。在这方面，反射材料具有独特的效果，它既有华丽高贵的美学效果，可树立现代高科技的形象；又能有效地消除自身的沉重感，强调体积的非实体性。

（3）文化符号赏析

① 建筑文化符号（图 2-134 ～图 2-137）。

② 民俗与民间文化（图 2-138 ～图 2-141）。

图 2–142 唐代王维“辋川别业”解析图

4. 其他艺术形式的借鉴

景观艺术作为广义艺术中的一种形式，景观园林的发展与艺术的发展是离不开的。同时景观艺术创作时也可以借鉴其他一些艺术作品，通过设计师的思考和再创造，融入到景观设计中。

（1）绘画与诗歌

景观创造必然少不了手绘与图纸，景观设计与绘画也是密不可分的。而在景观方案创作之初，也可以借鉴一些绘画艺术作品，从中得到灵感与启发。中国古典传统园林经常借鉴中国古典山水画与山水田园诗，通过匠人之手来打造意境景观（图 2-142）。

（2）音乐与舞蹈

音乐是反映人类现实生活情感的一种艺术，音乐的最基本要素是旋律和节奏。旋律是音乐的首要要素。就园林景观设计艺术而言，大的节奏和旋律就是所设计景观形象一定要具有整体性秩序，整体和局部之间的比例与尺度、和谐与统一等都是园林形式美的法则，节奏和旋律让园林景观更加丰富，提供很好的审美情趣，好的节奏能够丰富人们对景色的深刻感受，从而激发人们的审美情感。

（3）雕塑艺术

雕塑艺术是造型艺术的一种，又称雕刻，是雕、刻、塑三种创制方法的总称。指用各种可塑材料（如石膏、树脂、黏土等）或可雕、可刻的硬质材料（如木材、石头、金属、玉块、玛瑙等），创造出具有一定空间的可视、可触的艺术形象，借以反映社会生活、表达艺术家的审美感受、审美情感、审美理想的艺术。雕塑艺术历史十分悠久，从原始社会就已经有雕塑的出现。最初的雕塑可以追溯到原始社会的石器和陶器（图 2-143、图 2-144）。

（4）摄影作品

从一些优秀的摄影作品中，可以借鉴到一些好的艺术手法。撇开诸如构图、色彩、进深等绘画中的技巧不说，摄影中最值得景观设计师借鉴中的，就是将自然界和人类生活中一些瞬间的珍贵画面得以保留。人们可以通过照片来回忆过去的点滴，从照片中看到时间的流逝和自然界、生活的变化。可以说摄影给人的是动态的画面（图 2-145）。

图 2–143 现代蛋雕艺术

图 2–144 抽象陶艺雕塑艺术

图 2–145 阿根廷摄影师丽娜 · 沃宁记录 30 年变迁的摄影作品《回到未来》

（5）电影作品

电影是由活动照相术和幻灯放映术结合发展起来的一种连续的视频画面，是一门集视觉和听觉的现代艺术，也是一门可以容纳悲喜剧与文学戏剧、摄影、绘画、音乐、舞蹈、文字、雕塑、建筑等多种艺术的现代科技与艺术的综合体。蒙太奇是电影艺术中最独特的特点。

（6）动漫、游戏等作品

年轻人喜爱的动漫、游戏中的画面场景，也不乏一些优秀的作品，同样也是值得景观设计师们借鉴的。如日本动漫大师宫崎骏的动画作品中的场景，对于气氛的烘托都有很深的艺术造诣（图 2-146、图 2-147）。

（7）其他设计作品

以上都属于其他艺术门类中对景观设计的借鉴作用。也可以从其他一些设计作品中得到灵感。诸如建筑设计、平面设计、服装设计等（图 2-148、图 2-149）。

5. 分形几何与景观规划设计

通过以上的阐述，归纳了景观场地概念规划设计时会运用的几类构图方法，也就是景观方案最初的“总平面图”的雏形。在构图时，我们会运用几何形态、自然界中的形态、历史文脉中提取的符号以及从其他艺术形式中借鉴的形态，事实上得到的这些构图元素之间并不是完全分离、互相排斥的，它们之间都是有联系、有重叠的。原因很简单，几何形态、自然界、文化符号、其他艺术形态，归根结底，它们都是大自然直接或间接的产物。而且它们中的大部分都展示着无数的数学和几何系统的秩序。

然而有一些图案似乎完全不符合几何学规律。这些图案看起来是不规则的、无系统的、随机的、松散的，是一些不规则的有机形态激起一种生长、发展、轻浮、自由和明显无序的感觉。法国数学家本华•曼德勃罗在他的《大自然的分形几何学》一书中用数学方法系统化了一些看起来不定形、无规则的形状，而“分形几何”一词也由此产生（图 2-150、图 2-151）。

图 2-146 宫崎骏动画场景

图 2-147 游戏《剑灵》场景

图 2-148 瑞典斯德哥尔摩创意地铁站

图 2-149 极简主义海报

图 2-150 分形的闪电

图 2-151 分形的树枝

（1）分形学的分类

分形学可以依据其自相似来分类，有以下三种：

① 精确自相似：分形在任一初读下都显得一样，这是最强的一种自相似；

② 半自相似：分形在不同尺度下会显得大致相同。半相似分形包含有整个分形扭曲及退化形式的缩小尺寸。由递推关系式定义出的分形通常会是半自相似的，不是精确自相似；

③ 统计自相似：这是最弱的一种自相似，这种分形在不同尺度下都能保有固定的数值或统计测度。大多数对“分形”合理的定义自然会导致某一类型的统计自相似。

（2）分形学与景观设计

景观设计是基于自然环境生态对人类栖居的土地进行的设计，而分形学是以从对自然的观察中获得的不规则几何形态为研究对象的几何学，是描述大自然的语言，利用分形学这个强有力的工具能对景观设计学产生极大的推动作用。

景观规划设计并不仅仅是局部的设计，而是先整体再局部，先有总体规划再有分区设计与元素设计。且要明确的是，分区的设计要以总体规划为依据，可以说遵循着分形学中的“自相似”。规则式布局的景观设计是精确或者半相似的分形；自然式布局的景观设计是统计自相似的分形。但无论是哪一种，分区和元素始终都会与总体的规划呈“相似性”。

这种相似可以是形态上的，也就是布局形式上的统一；也可以是思维意识的，也就是总体思想或者主题领导下的统一。

2.3.3 景观场地规划中的草图表现

与场地分析的概念草图不同，景观场地规划的草图在初稿绘制时就要把握好大概的尺度，让每个空间的比例合适，并且尽可能让线条更流畅，图形更美观。也可将一些景观元素例如构筑物、植物在平面中有所显示（图 2-152 ～图 2-160）。

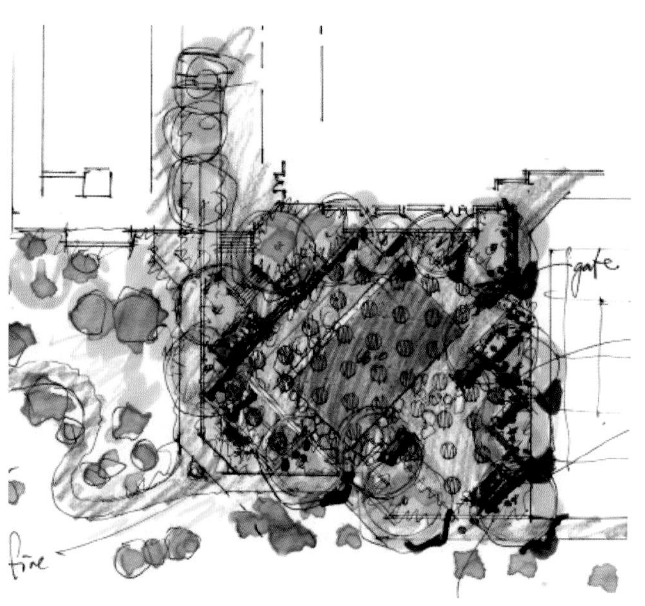

图 2-152 方案草图（高奥奇 绘）

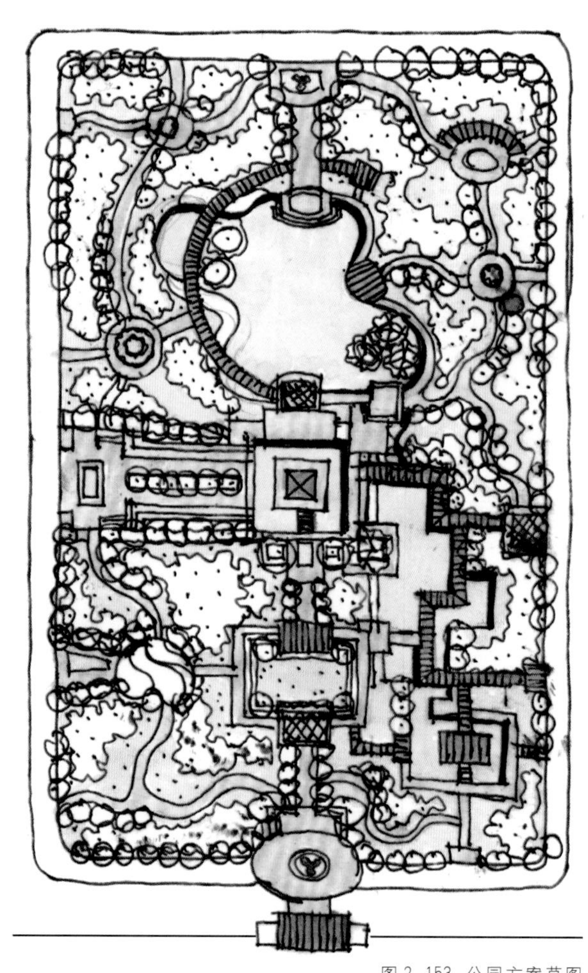

图 2-153 公园方案草图（高奥奇 绘）

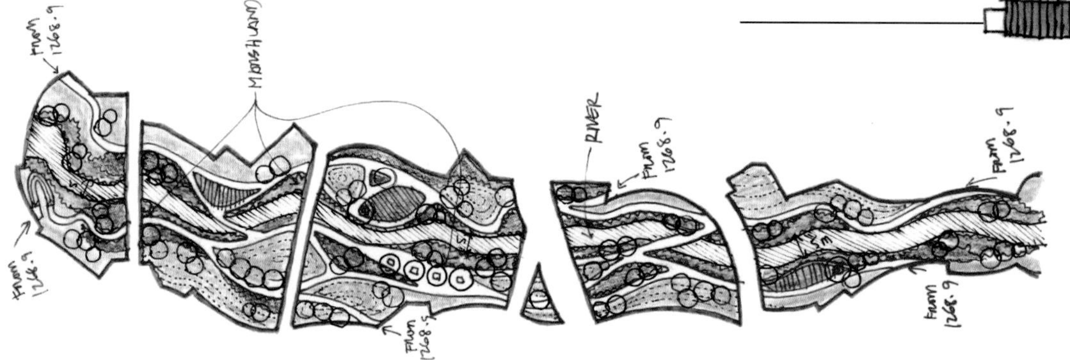

图 2-154 驳岸绿化带（高奥奇 绘）

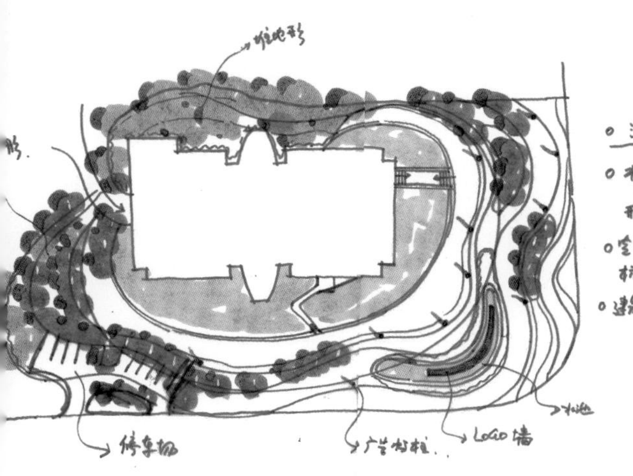

图 2–155 场地规划方案一（高奥奇 绘）

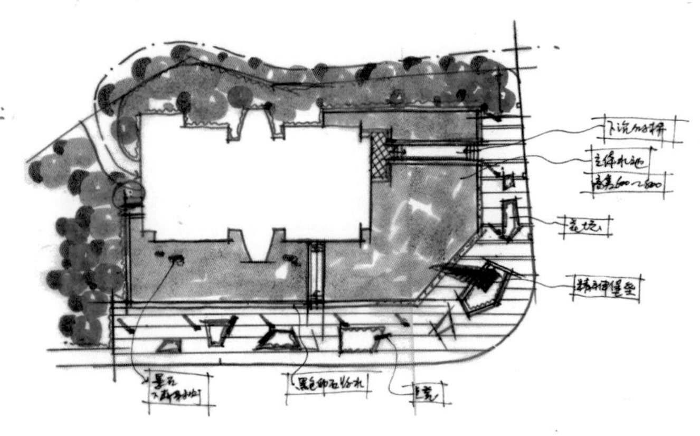

图 2–156 场地规划方案二（高奥奇 绘）

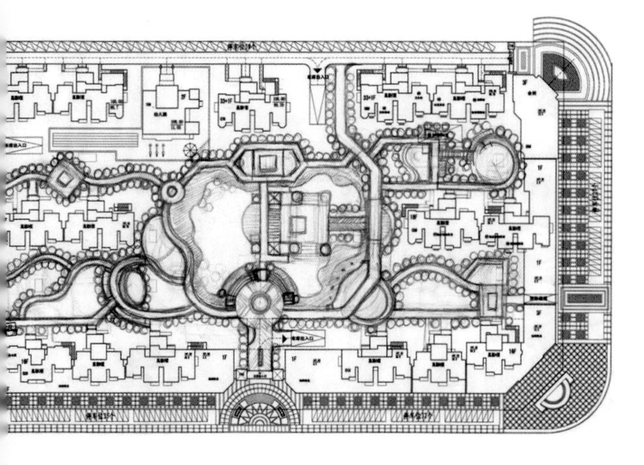

–157 小区景观道路方案一（宋华龙 绘）

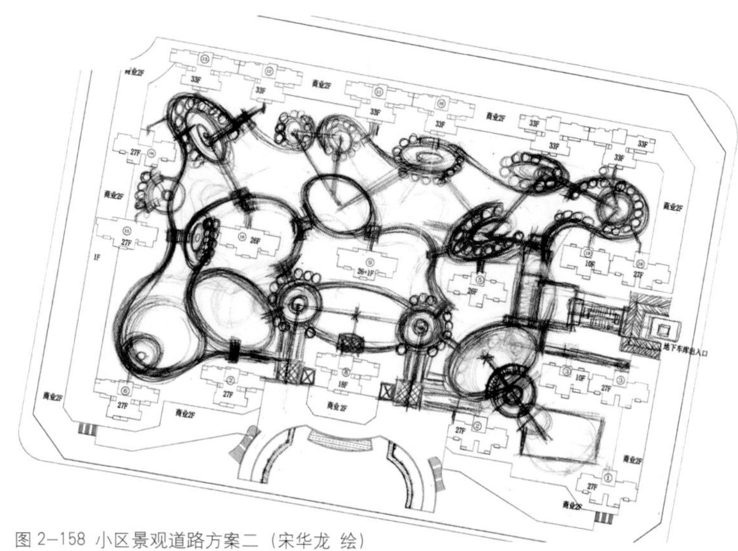

图 2–158 小区景观道路方案二（宋华龙 绘）

–159 高层建筑景观方案（宋华龙 绘）

图 2–160 高层住宅景观方案 （宋华龙 绘）

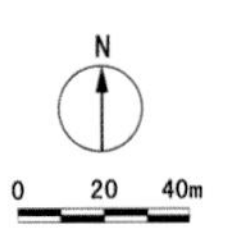

图 2-161 方案草图表现一 （宋华龙 绘）

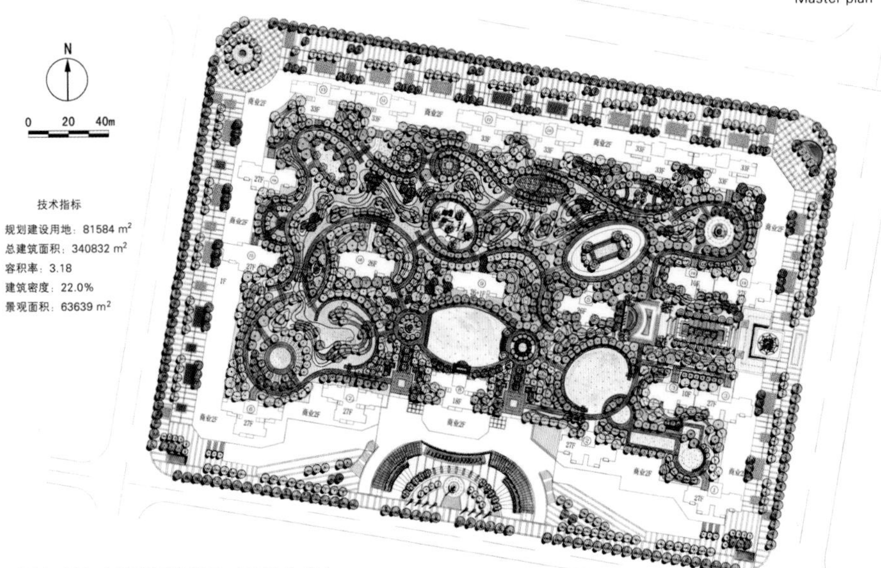

图 2-162 方案草图表现二（宋华龙 绘）

2.4 景观总体设计及草图表现

在景观方案总体规划确定之后，需要做一些总体设计的相关内容。这些内容需要借助电脑绘制，具体内容如下：

1. 总平面图

即经过几轮草图后方案的总平面图，总图中需要将比例尺、指北针、相关技术指标等交代清楚（图 2-161、图 2-162）。

2. 功能分区图

是对概念设计阶段已经布局的各个功能空间进行分析（图 2-163、图 2-164）。

3. 交通分析图

是对方案的交通路网进行分析，包括车行流线、人行流线、出入口位置、地下车库位置及其出入口位置、单元入口（居住区中）、地上停车位、非机动车位等。道路设计相关规范要求参见第四章 4.1.2 的相关内容（图 2-165、图 2-166）。

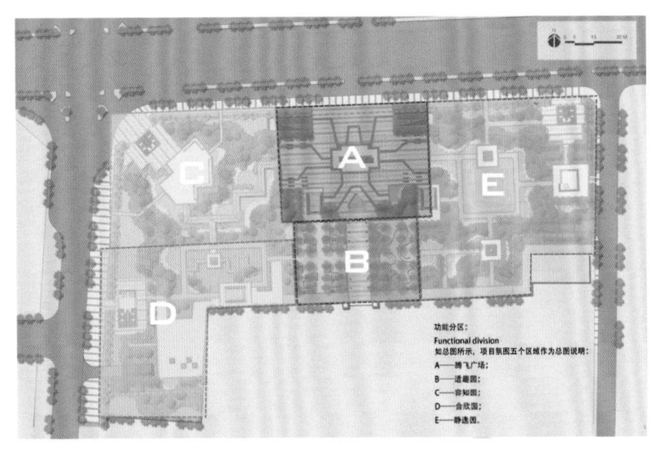

图 2-163 功能分区示意图一

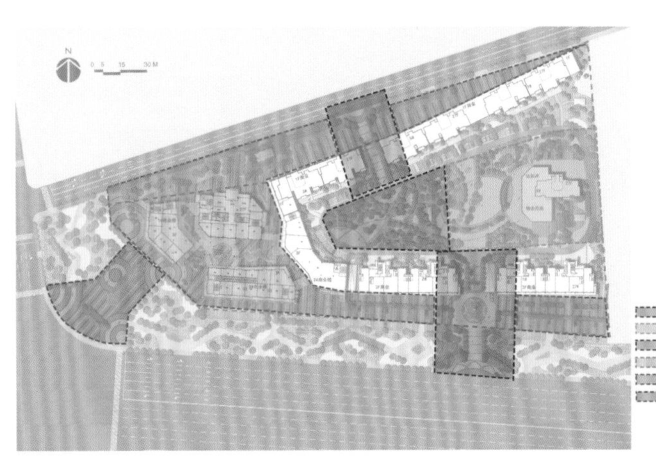

图 2-164 功能分区示意图二

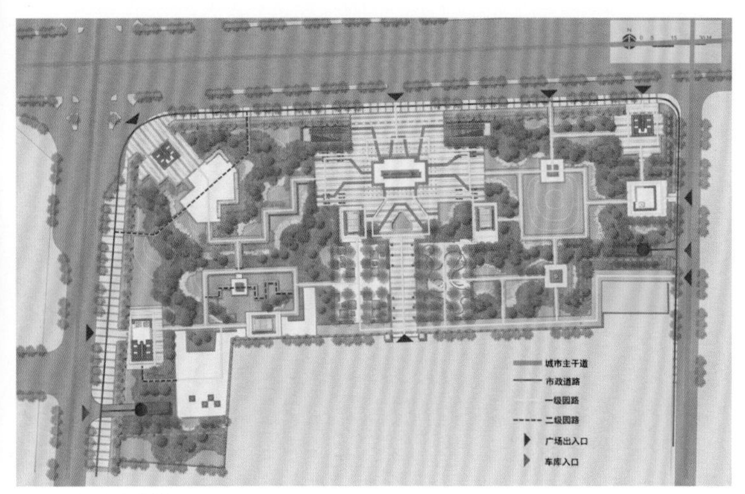

图 2–165 交通分析图

图 2–166 小区交通分析图（高奥奇 绘）

4. 消防分析图

针对居住区、商业街区、行政办公区等有建筑物的景观，是对方案的消防走向、消防登高面的位置进行分析。一般需要与建筑设计方对接。消防通道具体规范要求可参见第四章 4.1.2 的相关内容。

5. 景观结构分析图

是对整体方案的景观脉络的分析，包括景观主、次轴线的走向，景观主、次节点的位置，若各个节点有相应的主题，可在图中标注出来（图 2–167）。

6. 景观视线分析图

是对方案中站在不同的位置能够看见的某一景观节点的视线范围的分析，主要是针对一些重点打造区域。

7. 景观景点分析图

是在总平面图中将园区每个节点的名称在图中标注出来。

以上内容是在景观概念方案阶段总体设计的大致内容，在深化方案阶段则需要增加竖向设计、灯光布置、配套设施布置、铺装布置、水系布置等元素的总平面图。

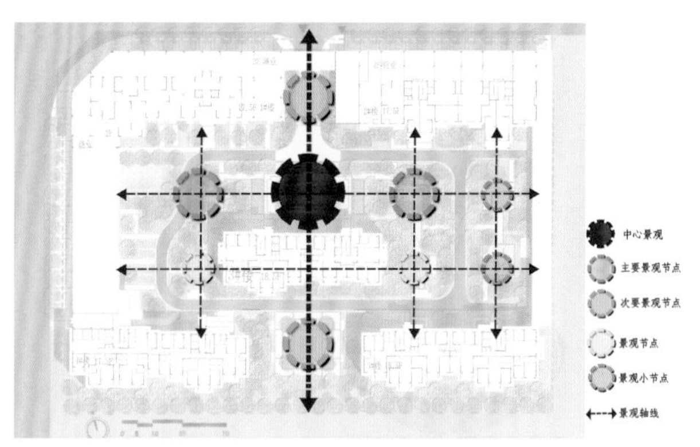

图 2–167 景观结构分析图（曹鹏辉 绘）

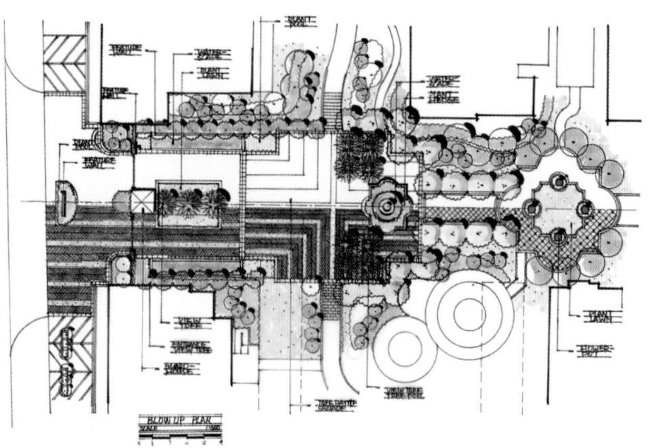

图 2–168 景观分区设计及其草图表现一（高奥奇 绘）

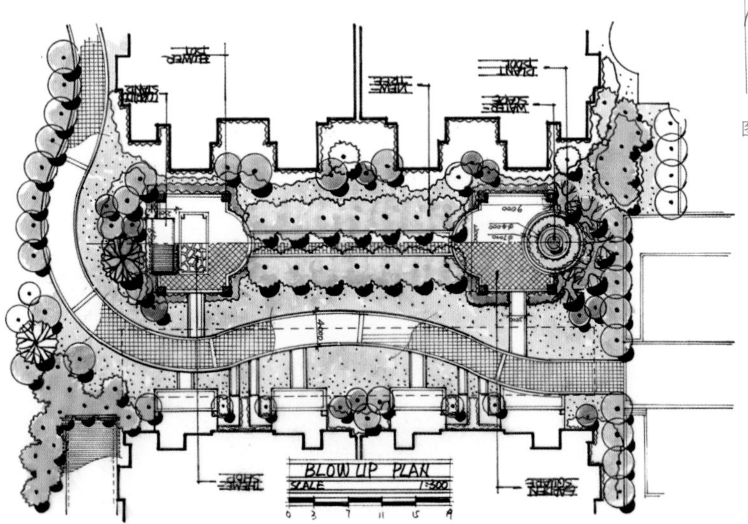

图 2–169 景观分区设计及其草图表现二（高奥奇 绘）

2.5 景观分区设计及草图表现

分区设计是对区域内各功能区的节点进行详细的展示，其目的是将各个节点的空间组织（空间尺度、动静分区、竖向变化、景观构筑物设置等）、景观细节（功能、尺度、形态、颜色）、植物群落（平面搭配、内外层次、色彩搭配、树形变化等）展示出来，主要运用到的图纸有放大平面图、立面图、剖面图、效果图以及相应设计说明等。

1. 放大平面图（图 2–168、图 2–169）

2. 立面图与剖面图（图 2-170 ～图 2-172）

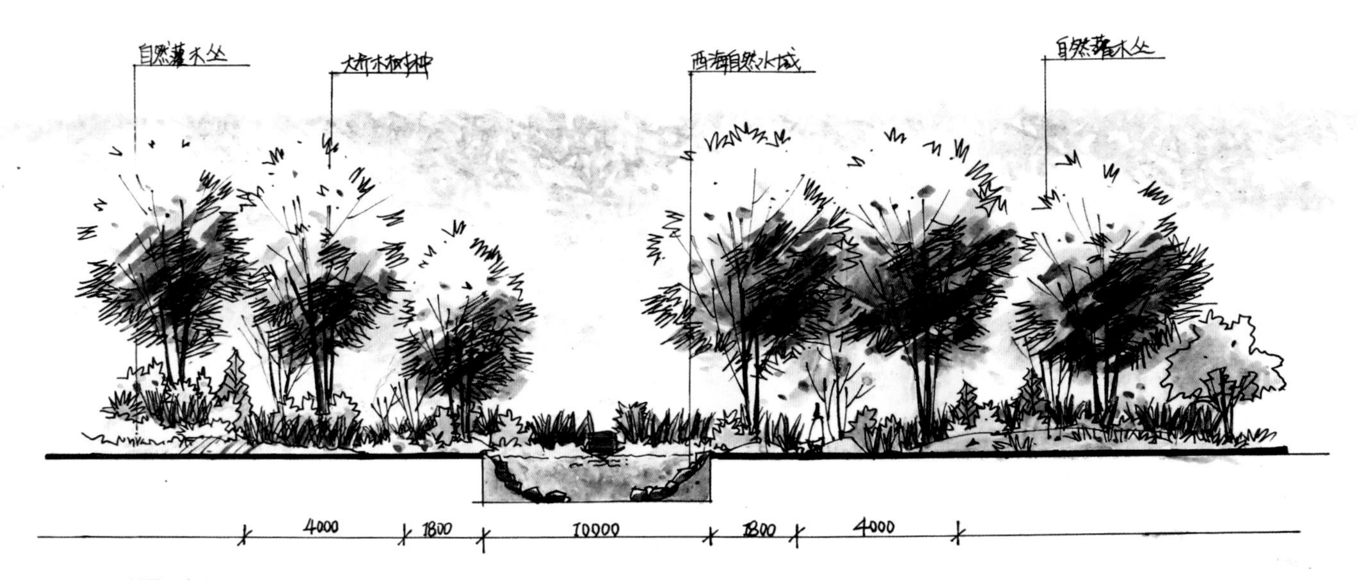

图 2–170 剖面图表现

图 2–171 别墅剖面图表现

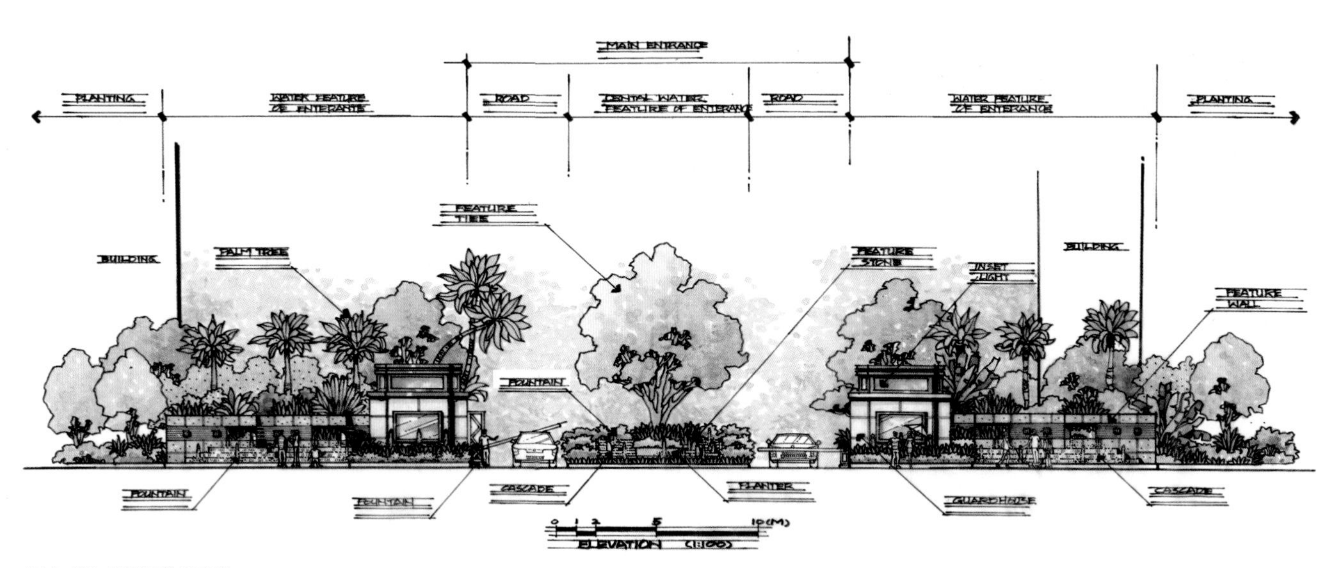

图 2–172 剖面标注图表现

3. 效果图（图 2-173～图 2-176）

图 2–173 景观廊架表现（张蕊 绘）

图 2–174 水景景观表现（张蕊 绘）

图 2–175 现代售楼部景观表现（许赜略 绘）

图 2–176 步行街景观表现（许赜略 绘）

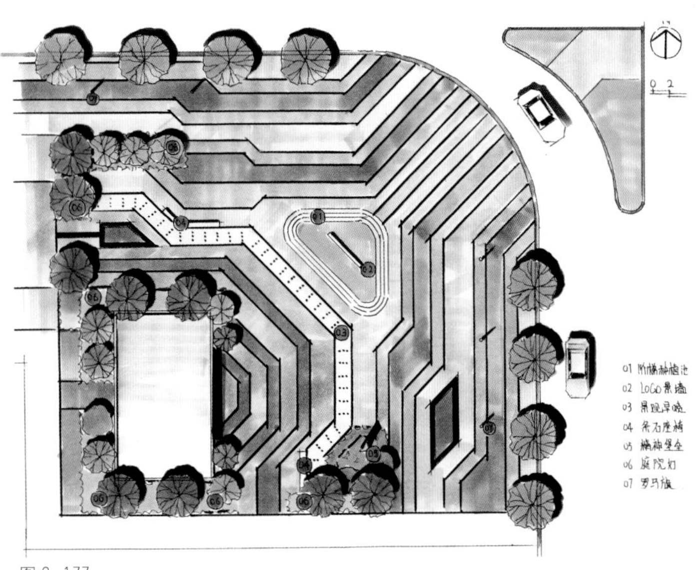

图 2–177

2.6 景观方案实例解析

案例一：湖南岳阳润合花园售楼部前广场景观设计（图 2-177 ～图 2-180）

售楼部作为房地产开发商前期对外展示的窗口，因此售楼部景观常常作为开发商吸引业主的手段，会对此做重点打造。具体形式根据场地现状、地区自然与人文环境以及甲方需求来进行构思与设计。

项目位于湖南省岳阳市新城区，毗邻城市主干道。岳阳市位于洞庭湖东北侧，京广高铁经过，并有举世闻名的四大名楼之一——岳阳楼。场地位于售楼部建筑的东北角，地块相对规整。甲方希望景观设计具有现代感，能很好地吸引外界目光。

项目灵感来自“湖光山色”与“海纳百川”，以流线、直线为主要构图元素，打造现代线性广场景观。线性景观主要通过铺装与旱喷水景来实现。线条由街角向内引导，给人视觉上的导视作用；广场入口处由一三级台阶种植池分成两段，就如同分流的湖水一般，分流的线条由逐渐向建筑内聚拢，并在中间设置“旱喷玉带”，形成“玉带环腰”的景观，是现代景观与传统思想的结合。

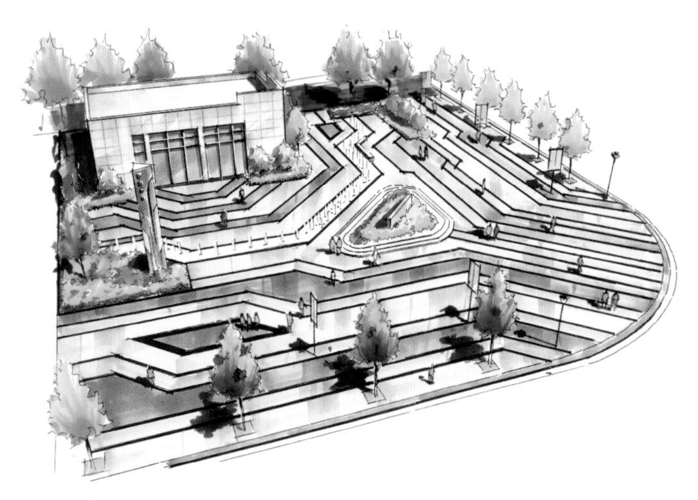

图 2–178

2–179

图 2–180

案例二：新中式风格小区住宅景观设计——林州市世纪花园（图 2-181 ～图 2-190）

随着近年来的仿古潮，新中式景观越来越得到青睐。新中式是传统中国文化与现代时尚元素在时间长河里的邂逅，以内敛沉稳的传统文化为出发点，融入现代设计语言，为现代空间注入凝练唯美的中国古典情韵，它不是纯粹的元素堆砌，而是通过对传统文化的认知，将现代元素和传统元素结合在一起，以现代人的审美要求来打造富有传统韵味的景观。

项目位于河南省林州市的西部新城，毗邻城市主干道。场地内部地势相对平坦，建筑布局呈四面围合，住宅均为高层建筑，风格为新中式建筑风格。项目借鉴了中国古典皇家园林及北京四合院的中轴对称的布局形式，以“九五之尊”作为设计灵感，结合本项目即“五”栋建筑围合出的“九”个建筑室外空间作为整体的功能分区，道路则以一条车行环道贯穿整个小区。区内运用了大量中国传统文脉中的元素，经过符号提炼，运用于景观的构筑物、水景、景墙等景观元素的设计。

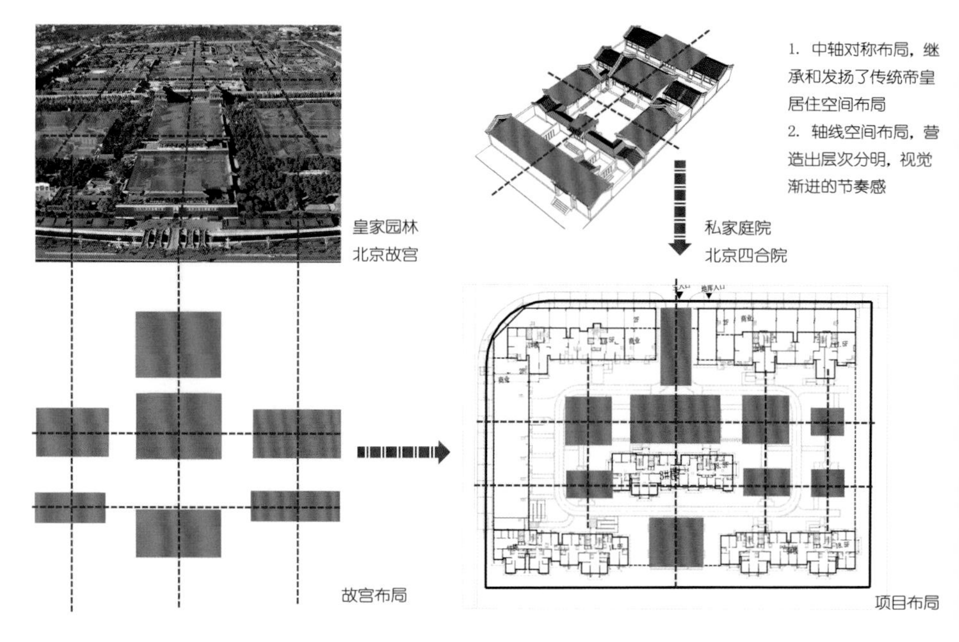

图 2-181

九五之尊

中国古代把数字分为阳数和阴数，奇数为阳，偶数为阴。阳数中九为最高，五居正中，因而以“九”和“五”象征帝王的权威，称之为“九五至尊”

结合本项目：

“九”为九个景观空间

“五”为五栋建筑

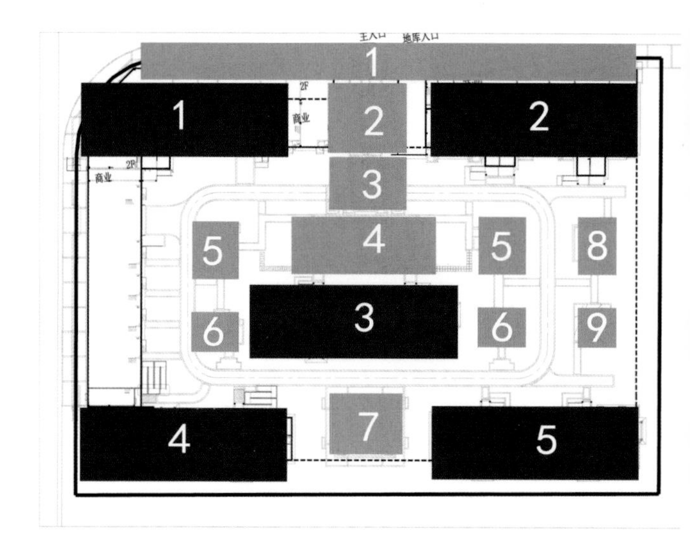

图 2-182

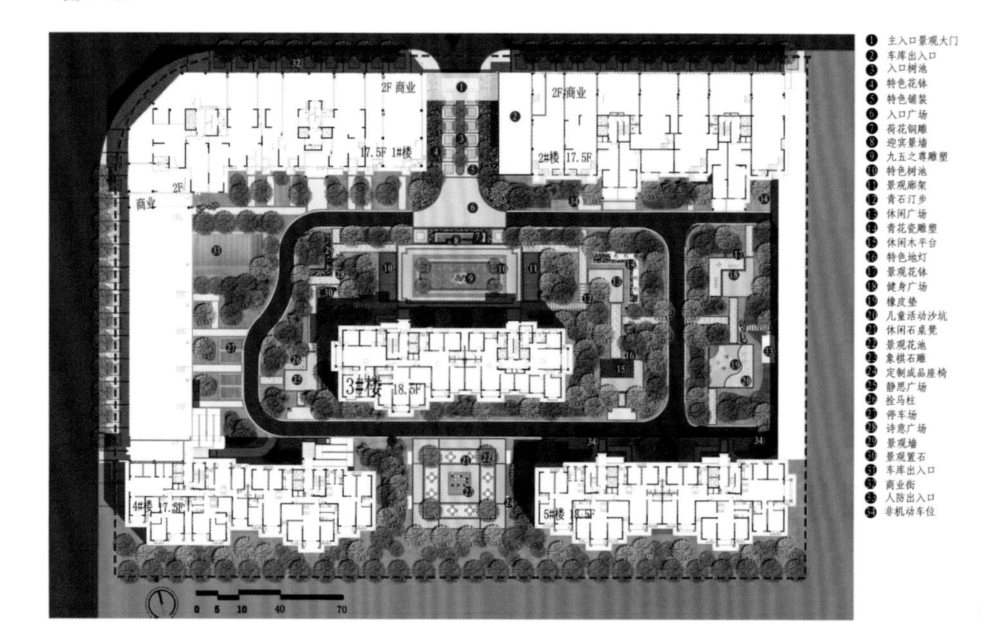

图 2-183

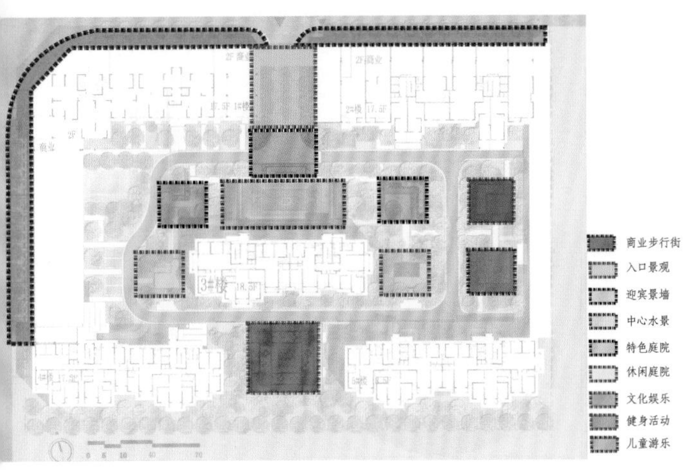

图 2–184

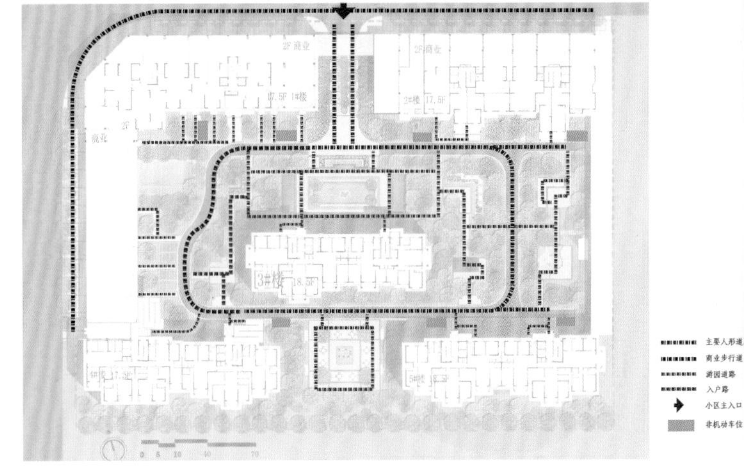

图 2–185

图 2–186 概念布局分析

图 2–187

图 2–188

图 2–189

图 2–190

2.7 总结

本章主要讲述了景观方案设计的主要流程，并对景观方案设计的各个流程中会运用到的手绘草图进行讲解与案例展示。

实际项目中的景观方案设计一般分为两大阶段：概念方案设计阶段与深化方案设计阶段。景观深化方案设计是在景观概念设计的设计成果得到认可之后，对方案的细节做进一步深化设计。在此阶段中，不仅要对整体规划做更为全面的设计，包括整体竖向设计、照明系统设计、水系设计、铺装系统设计、种植设计等；同时，还要对各分区及节点景观做更详细的设计，包括节点处的平、立、剖面展示、景观构筑物设计、节点透视效果图绘制等。

景观概念方案设计阶段属于创作的第一阶段，要做大量前期的分析、概念设计、尺度与形式的推敲，需要思维长期保持在活跃的状态下，所以对手绘草图的运用较多。景观概念设计流程包括资料搜集、场地分析、场地概念规划、总体设计、分区设计、景观元素设计与种植设计几个步骤。

场地分析是对所在地块内外环境的全面分析，是在进行设计前寻找创意切入点的过程，也是该景观方案能否成功的决定因素，指引着整个景观方案的设计走向，因此要对场地分析引起绝对的重视。场地分析要从外部环境分析（自然环境与人文环境与基地内部分析、公共限制、地形、土地土壤、植被与水文、历史文脉、建筑、配套设施等）进行详细的分析。

景观场地规划设计部分详细讲述了场地的功能分区、场地的概念设计（设计原则及构图方法），以及总体设计、分区设计、景观形式艺术设计、种植设计的相关内容，以及各个阶段中手绘草图的运用案例展示。

第3章 景观快题设计的类型

3.1 常见景观分类

在探讨公园景观规划设计之前，我们首先需要明确，什么是公园绿地，什么是景观规划设计。只有弄清楚了对象，才有可能采用合适的设计手段来再创造、优化设计对象。

根据建设部颁布的《城市绿地分类标准》，将城市绿地系统分为5个大类，包括公园绿地（G1）、生产绿地（G2）、防护绿地（G3）、附属绿地（G4）、其他绿地（G5）。对于公园绿地的定义是向公众开放，以游憩为主要功能，兼具生态、美化、防灾等作用的绿地。主要包括综合公园、社区公园、专类公园、带状公园以及街头绿地。而综合公园又包括全市性公园和区域性公园；社区公园包括居住性公园和小区游园；专类公园包括儿童公园、动物园、植物园、历史名园、风景名胜公园、游乐园和其他专类公园（图3-1～图3-5）。

景观绿地具体分类见表3-1。

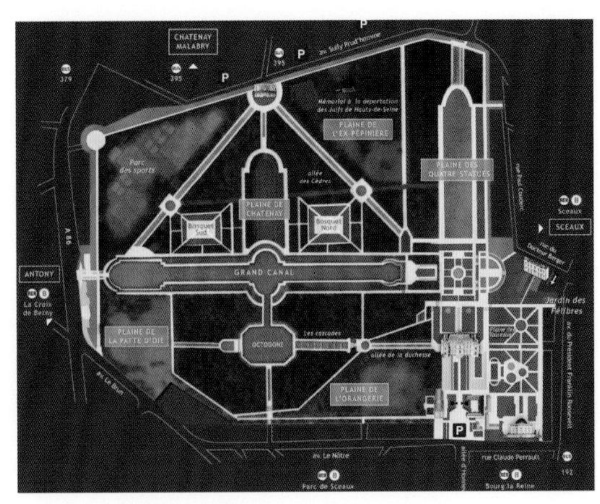

图 3-1 凡尔赛宫（规则式）

-2 自然式公园

图 3-3 某地汽车公园（规则式）

表 3–1 景观绿地具体分类

类别代码			类别名称	内容与范围	备注
大类	中类	小类			
G1	G11		综合公园	内容丰富，有相应设施，适合于公众开展各类户外活动的规模较大的绿地	
		G111	全市性公园	为全市民服务，活动内容丰富、设施完善的绿地	
		G112	区域性公园	为市区内一定区域的居民服务，具有较丰富的活动内容和设施完善的绿地	
	G12		社区公园	为一定居住用地范围内的居民服务，具有一定活动内容和设施的集中绿地	不包括居住组团绿地
		G121	居住区公园	服务于一个居住区的居民，具有一定活动内容和设施，为居住区配套建设的集中绿地	服务半径：0.5~1.0km
		G122	小区游园	为一个居住小区的居民服务、配套建设的集中绿地	服务半径：0.3~0.5km
	G13		专类公园	具有特定内容或形式，有一定游憩设施的绿地	
		G131	儿童公园	单独设置，为少年儿童提供游戏及开展科普、文体活动，有安全、完善设施的绿地	
		G132	动物园	在人工饲养条件下，移地保护野生动物，供观赏、普及科学知识，进行科学研究和动物繁育，并具有良好设施的绿地	
		G133	植物园	进行植物科学研究和引种驯化，并供观赏、游憩及开展科普活动的绿地	
		G134	历史名园	历史悠久，知名度高，体现传统造园艺术并被审定为文物保护单位的园林	
		G135	风景名胜公园	位于城市建设用地范围内，以文物古迹、风景名胜点（区）为主形成的具有城市公园功能的绿地	
		G136	游乐公园	具有大型游乐设施，单独设置，生态环境较好的绿地	绿化占地比例应大于等于65%
		G137	其他专类公园	除以上各种专类公园外具有特定主题内容的绿地。包括雕塑园、盆景园、体育公园、纪念性公园等	绿化占地比例应大于等于65%
	G14		带状公园	沿城市道路、城墙、水滨等，有一定游憩设施的狭长形绿地	
	G15		街旁绿地	位于城市道路用地之外，相对独立成片的绿地，包括街道广场绿地、小型沿街绿化用地等	绿化占地比例应大于等于65%

3.2 公园景观规划设计

城市公园景观设计是以满足人们的多种现代城市社会生活需要而建设的或有意识改造的，以建筑、道路、山水、地形以及绿地等围合，由多种软、硬质景观构成，主要采用步行交通手段，具有一定的开放或封闭、融入城市或隔离于城市的公共场所，需要融入一定的社会文化内涵、生态及审美价值的景物，并且有一定的主题思想和规模的城市户外公共活动空间的设计。城市公园景观设计包括公园的景观规划和公园的景观具体设计两部分。

小型城市公园（吴闵 绘）

图 3–5 大型城市公园

景观水景线稿表现

明确了公园、公园景观规划设计的定义后，就应该思考公园景观规划设计的方法，即采用什么样的手段来设计公园景观。本章节将从“规划”和“设计”两个层面来阐述公园景观设计方法。

3.2.1 公园规划的要点

在公园规划层面，需要把握的是较为宏观的问题，针对快题考试而言，首要的目标是功能规划和交通规划。

1. 功能规划

功能规划的意义在于通过全面考虑，整体协调、因地制宜地安排功能区，满足基地多项功能的实现；并使各个功能区之间布局合理、综合平衡，形成有机的联系；还要妥善处理好基地与外部环境的关系。一般来说，功能布局要解决的问题包括与交通规划联动思考确定出入口的位置，分区规划，建筑、广场和园路的大体布局，关于地形利用与改造的初步设想，种植空间规划等。

具体来说，功能规划包括功能分析、功能设定、功能划分及功能组织四个方面。

（1）功能分析及功能设定

功能分析在城市公园景观规划设计中占据着重要的地位，任何城市公园的景观规划设计都是依托具体的功能需求而存在的，满足必要功能条件的城市公园才是合格的使用空间。功能分析是最基本的、首要的设计步骤，是进行其他设计环节的基础。

一个城市公园的建设，无论是其物质特征的表现、审美情趣的表达，还是文化内涵的展示，都要以“功能”为纲，所有的外部形式必须服务于内在功能。快题考试中，要根据任务书的要求，在设计方案之前，完成合理的功能分析，为方案设定恰如其分的功能属性。此外，城市公园空间作为休闲娱乐活动的必要场所，要从以人为本的角度出发，合理组织规划空间形态，协调功能和形式的关系，满足人们客观户外活动的需求。

（2）功能划分

基于不同的分类依据，可以将公园空间划分为不同的空间区域类型。一方面从空间承载的活动类型来看，可以分为公共区、半公共区和私密区三部分；另一方面不同的空间性质对应着不同的分隔介质，根据区域分隔介质的强度、边界形态的特点，可以将空间分为封闭区域、开敞区域和中界区域三个分区；第三，从空间态势上可以分为动态、静态和流动区域三大分区。不同的区域给人的心理感受不同，静态区域对于某些病人具有较好的治疗作用，而动态和流动区域对于内心封闭的人具有良好的治疗作用（图 3-6 ～图 3-9）。

图 3–7 景观广场表现

图 3–8 不同开放程度的景观空间（吴闵 绘）

图 3–9 景观花坛表现（吴闵 绘）

（3）功能组织

经过前面的功能分析、功能设定、功能划分，关于功能规划的最后一个工作是功能组织。每一个城市公园都有其明确的功能划分，但是承担这些功能的空间大小不一、形态各异，为避免零散的堆放，要对功能空间加以组织。将这些功能空间整合成有机的统一体，协调其与景观要素之间的关系，构建一个合理的城市公园功能格局。不同的功能需求（交通需求、公共活动、景观欣赏等）往往对应着不同的景观要素，一般来说有如下几类：

①交通要素，其中包括公园所在位置的主干道和次干道、停车场地、残障人士通道、园内车行和人行道、自行车存放处等；

②场地要素，包括不同年龄段的活动场、广场、运动场、休息场所、观景平台等；

③水体和绿地要素，主要是指行道景观树、草坪、花坛、栅栏、静态或动态水池等。

将城市公园景观中的各要素按照功能需求划分之后，系统地组织起来，进行同类归纳，统一有序的合理布局，将功能性发挥到极致；同时注意相互间的协调、功能的互补。交通分析、空间分析、模块分析和绿化分析都是将同类要素进行归纳，将各功能合理组织到一起来实现系统性的景观功能（图 3-10 ～图 3-12）。

图 3-10 美国田纳西州查塔努加 21 世纪滨水公园景观设计

图 3-11 美国芝加哥千禧广场

图 3-12 不同功能的景观空间

2. 交通规划

公园交通规划的主要内容是确定交通组织方式和设计路网布局的形式，具体而言，包括人车分行和人车混行两种。

（1）人车分行

建立人行与车行的分离交通组织体系的主要目的是保证公园环境的独立性和安全性。公园内的路网布局方面应遵循以下原则：空间上要分离公园内部的步行道和车行道，设置两个独立的路网系统。此外，对车行路进行明确的分级，将其围绕公园布置，采用枝状或环状形式延伸至游憩场地周边道路。在车行路附近或末端应考虑停车位的设置，数量的安排应该遵循快题设计任务书的要求。在车行路的末端还要考虑回车空间的设置。步行道应在车行道路网内部，用步行道将绿地、活动场地和公共服务设施贯穿起来，并延伸到游憩活动场地的入口。

（2）人车混行

城市公园人车混行的交通组织方式是经济实用的交通布局，这种路网布局有其独特的优点。城市公园规模一般都不大，在具体路网布局中，需要综合各个方面的条件考虑人车混行的安全与便利的关系，园区规模，游人出行方式，以及场地环境等因素。在小规模公园内，不需要强调人道车道完全分开。由于对空气质量的要求和公园的游憩性质决定，城市公园增加规定不再允许一般机动车车辆出入公园，并逐渐得到市民的理解和认可。

3.2.2 公园设计的要点

公园设计是在完成了公园景观规划后，对公园当中各个景观要素的具体设计。主要包括道路设计、节点设计、植被设计、景观建筑设计等。需要说明的是，这些部分的设计几乎是每一个景观规划设计项目都要考虑的，属于不同景观类型所共通的（图 3-13、图 3-14）。

图 3–13 美国邮递广场 Norman 公园（吴闵 绘）

图 3–14 韩国西首尔湖公园

3.2.3 公园设计的相关规范

1）厕所规模。大于 10 万㎡的公园，按游人 2% 设置厕所蹲位（包括小便斗位数），小于 10 万㎡的按照游人容量的 1.5% 设置；男女蹲位比例为 1 ～ 1.5 ： 1；厕所服务半径不宜超过 250m；各厕所内的蹲位数应与公园内的游人分布密度适应；儿童游乐区附近，要设置方便儿童使用的厕所；还要设置方便残疾人使用的厕所。

2）公园内景观最近地段，不得设置餐厅及集中的服务设施。公用的条凳、座椅、美人靠（包括一切游览建筑和构筑物在内）等，其数量应按游人容量的 20% ～ 30% 设置，但平均每 1 万㎡陆地面积上的座位数最低不得少于 20 个，最高不得超过 150 个，演出场地要有配套的观看空间。

3）市区级公园游人人均占有公园面积以 60 ㎡为宜，居住区公园、带状公园和居住区小游园以 30 ㎡为宜；近期公共绿地人均指标低的城市，游人人均占有公园面积可酌情降低，但最低游人人均占有公园的陆地面积不得低于 15 ㎡。风景名胜公园游人人均占有公园面积宜大于 100 ㎡。

4）儿童戏水最深处的水深不得超过 0.35m。硬地人工水岸近岸 2.0m 范围内的水深不得大于 0.7m，达不到此要求的应设护栏。无护栏的园桥、汀步、附近 2.0m 范围内的水深不得大于 0.5m。

5）人流密集场所台阶高度超多 0.7m 并侧面临空时，应有防护设施。室外坡道坡度不宜大于 1 ： 10，室内坡道水平投影长度超过 15m，宜设休息平台。无障碍坡道的坡度不应大于 1 ： 12，最好 1 ： 20。

6）游人通行量较多的建筑室外台阶宽度不宜小于 1.5m；踏步宽度不宜小于 30cm，踏步高度不宜大于 15cm；台阶踏步数不少于 2 级；侧方高差大于 1.0m 的台阶，设护拦设施。

3.3 广场景观规划设计

城市广场的最终目的是供给市民和游人使用，所以使用者的满意程度、使用频率是否达到预期的效果是广场设计是否成功的主要评判标准。而设计一个成功的城市广场需要考虑的要素很多，并且它们之间互相联系、相互影响，构成一个整体，共同决定着广场的成败。下面从设计过程中涉及到的各个主要影响要素和它们之间的相互关系来探讨城市广场的设计方法。

3.3.1 广场的定性

在进行广场设计之前，要根据快题设计任务书要求提出对广场的明确定位，确定广场性质。明确的定位可以提供明确的建设目标和使用功能，可以避免广场设计的同质化，个性化的定位还能增添广场的独特魅力。

广场的性质必须与周围建筑及环境相协调。例如在市政设施附近，一般适宜设计风格较为严肃、形式规整的市政广场；在车站、码头前，设有集散广场，起到疏导人流的作用；在商业中心和游览区附近，比较适合兴建休闲娱乐广场，为购物者和游览者提供小坐片刻的空间；在居住区附近，小型的居住区广场为居住区的居民提供了方便的交往空间（图 3-15 ～图 3-18）。

图 3–15 美国北卡罗纳州 Exhale 广场

图 3–16 诺基亚广场

图 3–17 法国巴黎拉德芳斯广场

图 3–18 浙江淳安秀水广场（吴闵 绘）

3.3.2 广场的尺度比例

广场空间的尺度比例对人的感情、行为等都会产生巨大的影响，广场尺度的恰当与否会极大地影响之后的设计和使用。对于广场尺度比例的确定，有较多的方法。

1. 根据理论研究

①城市广场用地规模应当与开放空间（公园、绿地等）统筹考虑。如果开放空间较多、布置较为合理，城市广场的数量和规模都可以相应的减少和变小。

②美国建筑师卡米洛·希泰提出，广场宽度的最小尺寸应该等于广场主要建筑物的高度。

③芦原义信也在他的《外部空间设计》一书中提出，关于外部空间，实际走走看就很清楚，每 20 ～ 25m，或是有重复的节奏感，或是材质有变化，或是地面高差有变化，那么，即使在大空间里也可以打破其单调，有时会一下子生动起来。这个模数太小了不行，太大了也不行。一般看来，20 ～ 25m 是适用的尺寸。

④卡米洛·希泰提出了广场宽度 (D) 和周围建筑高度 (H) 之比在 1 和 2 之间为最佳尺度，这时给人的领域感最强。

⑤马铁丁在他的《心理环境学与环境心理学》一书中对建筑物高度的视觉环境进行了分析，得出的结论见表 3-2。

据此可对广场的长宽比和广场尺寸与周围建筑物的比例进行控制，推荐市中心广场的适宜尺度为：建筑物的高度与广场的长度比值 1 ∶ 3 ～ 1 ∶ 6；视距与楼高的比值 1.5 ～ 2.5；视距与楼高构成的视角 18° ～ 27° （图 3-19、图 3-20）。

表 3-2 建筑物高度的视觉环境分析

视距（D）与建筑物高度（H）的关系	垂直视距	观察范围	心理感受
D=2H（近视）	27°	主体与局部	平等、亲近感
D=3H（中视）	18°	全局、总体、气势	开放感
D=4H（远视）	11° 20′	环境及景观效果	疏远感

图 3-19 大阪 Grand Front 商业广场（吴闵 绘）

图 3-20 上海吉盛伟邦国际家具村（吴闵 绘）

2. 根据人口规模

广场面积受到使用人口数量以及周边居住人口密度影响。按照《城市道路交通规划设计规范》GB50220—95 的规定，“车站、码头前的交通集散广场的规模由聚集人流量决定，集散广场的人流密度宜为 1.0 ～ 1.4m²/人”，“城市游憩集会广场用地的总面积，可按规划城市人口 0.13 ～ 0.40m²/人计算”。

按照《城市居住区规划设计规范》的规定，居住区用地控制指标大城市为 12.5 ～ 21m²/人，小城市为 13 ～ 25m²/人。社区广场用地规模以 1.0 ～ 2.0hm² 为宜。

城市市级、区级中心广场是举办各种大型公共活动的场所，也是展示城市风貌的窗口，其用地规模的确定难度很大。建议中心广场用地规模的人均指标值为：

50 ～ 200 万人口的大城市：0.1 ～ 0.2m²/人；

20 ～ 50 万人口的城市：0.15 ～ 0.25m²/人；

10 ～ 20 万人口的城市：0.2 ～ 0.3m²/人。

其中，在同类城市中，规模大的城市取值接近下限，规模小的城市取值接近上限。

3.3.3 广场的交通组织

广场的交通有多个相关因素，包括广场的可达性、停车位、广场内部和周边的交通组织、广场内的人车分流等。

1. 广场外部交通

（1）可达性

广场对外的交通连接，要充分分析广场周边的交通环境，明确广场周边人流、车流之间的关系；做好地上、地下交通组织；充分利用公共交通，减缓广场周围的交通压力。集散广场上供旅客上下车的

图 3-21 瑞士苏黎世中环广场

图 3-22 美国康奈尔大学贝利广场

停车点，距离进出口的距离不宜大于 50m。

在城市广场设计时还需要考虑停车需求，当广场地面空间有限时，可以考虑采用地下停车场的方式。

（2）防灾性

随着现代城市建设的不断加强，人为因素、自然因素及两者叠加造成的城市灾害频率和程度迅速增加，城市公共安全面临着空前的挑战。建立城市避灾防灾系统是迎接挑战的有效手段之一，而城市广场是该系统的重要组成部分。

城市广场畅通的外部交通环境、合理系统化的城市交通体系，可以让居民快速到达避难场所。一般来说，城市广场属于避灾场地中的一级和二级避灾场地。一级避灾场地服务半径不小于 500m，场地面积不小于 5000m²，必须保证它与一条以上的一级疏散通道（与居住区与生活区直接相连的，宽度在 16m 以上的支路、次干道等）相连接。二级避灾场地服务半径一般不小于 2.5km，并能在一小时之内到达，场地面积不小于 5 万 m²（图 3-21、图 3-22）。

2. 广场内部交通

（1）人车分流

① 设置广场下穿通道，让空间于步行者；

② 在人行道与机动车道的交汇处，将人行道局部下沉，避让机动车；

③ 建人行天桥。

根据《城市道路交通规划设计规范》，属于下列情况之一时，宜设置人行天桥或地道：

横过交叉口的一个路口的步行人流量大于 5000 人次 /h，且同时进入该路口的当量小汽车交通量大于 1200 辆 /h；

通过环形交叉口的步行人流总量大于 18000 人次 /h，且同时进入环形交叉的当量小汽车交通量达到 2000 辆 /h 时。

（2）人流的疏散组织

集散广场的瞬时人流量大，为避免发生拥挤、踩踏等意外事件，确保人流的快速疏散是首要设计目标。例如大型公共建筑、影剧院、办公楼等门口的广场，都属于这种类型。为了避免阻碍广场内人流疏散，这类广场忌使用大面积的草坪。

设立明确的标识系统，“入口”“出口”一目了然。通往各个出口的交通要顺畅。道路的宽度必须与人流量的强度相匹配。一般中等人行速度为 60 ～ 65m/min，人流饱满时为 45m/min，密集时速为 16m/min；一般一条人行道的宽度为 0.75 ～ 1.0m，平均人流的通行能力为 40 ～ 42 人 /min。

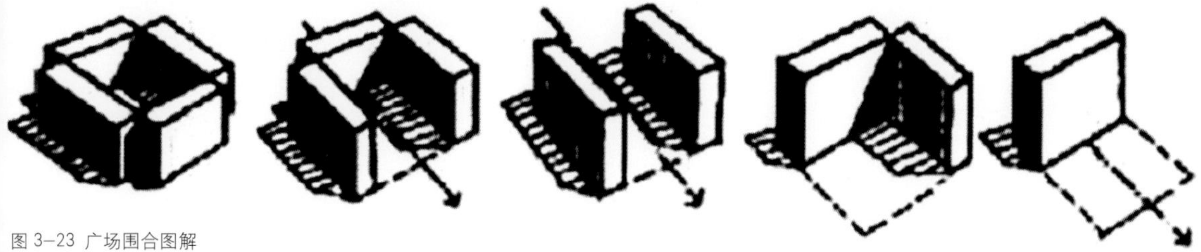

图 3-23 广场围合图解

3.3.4 广场的空间组织

1. 广场的围合程度与围合方式

开敞空间使人视野开阔、感觉豪迈，特别是当广场面积较小时，组织一定开敞的空间，可降低广场的狭隘感。闭合空间，空间独立、围合感强、感染力较强。不同的围合方式、空间尺度给人们不同的感受，比如刘滨谊教授在《现代景观规划设计》中提到的，390m 的尺度，会给人以领域感，25m 见方的尺度会给人以亲切感。

在设计实践中，需要做到开合并用，开中有合、合中有开，使广场既上有较开阔的空间，也有较幽静的空间。

广场围合一般有以下几种情形（图 4-23）：

（1）四面围合的广场

当广场的规模尺度小时，这类广场就会产生极强的封闭性，具有强烈的向心性和领域感。

（2）三面围合的广场

封闭感较好，具有一定的方向性和向心性。

（3）二面围合的广场

常常位于大型建筑与道路的拐角处，平面形态有“L”形和“T”形等，领域感较弱，空间有一定的流动性。

④仅有一面围合的广场：这类广场封闭性很差，规模较大时可以考虑组织不同标高的二次空间，如局部下沉等。

2. 空间的划分

当广场的空间尺度较大时，为避免游人在其中产生单调、乏味、空旷的感受，应该以广场空间整体为“母空间”，合理划分相互联系的若干“子空间”。如此一来，不仅可以改善人们在广场中的空间体会，同时也能提高广场的利用率。“子空间”是对大型广场的空间经过数次渐进分割而成的，这样的过程与公园景观规划设计中先规划、后设计的思路很相似，也是一个由宏观到微观、由大到小逐渐完善的过程。

（1）第一次空间组织

广场整体空间的形成。广场整体空间是由广场周边垂直界面的围合而完成。这里的垂直界面主要指大尺度的城市界面，如建筑物、构筑物或自然山体等（图 3-24、图 3-25）。

（2）第二次空间组织

广场“子空间”的限定。“子空间”要注意避免使用大尺度的硬质墙体，适宜于采取中等强度的限定，使之与广场整体

图 3-24 上海杨浦创智天地广场。该广场整体空间就是由周围的建筑物围合而成

图 3-25 建筑前景观设计

图3-26 美国查塔努加滨水公园。以柱状构筑物分隔空间，分隔强度较弱，通透性强

图 3-27 哈尔滨防洪纪念塔。中心塔结合西式柱廊限定空间，形成空间界面

空间实现相互穿插，互为开合。具体限定要素可有以下几种。

① 建筑物或其他人工构筑物，包括广场中的建筑物以及亭、廊、柱列、标志物等。避免出现完全规整的空间界面，应该考虑广场的实际使用需求，将不同的“子空间”进行穿插，使一个空间的边界成为另外一个空间的内容。打破呆板、整齐的界面介质，形成凹凸有致的空间围合关系（图 3-26、图 3-27）。例如宁波的天一广场。设计师将一个很规整的广场用地空间划分成了多个形态、大小不同的小空间，并通过其各自附近建筑的不同功能而各具特色，又相互联系。

② 乔木、灌木、矮墙与花池。从界面性质来看，植物是一种软质的界面，用其分隔、围合空间会有自然、通透、悦目的效果。表 3-3 显示了不同植物类型在空间围合中的作用（图 3-28、图 3-29）。

表 3-3 植物围合空间的基本尺度

序号	植物类型	植物高度	植物与人体尺度关系	对空间的作用
1	草坪	<15cm	踝高	作为基面
2	地被植物	<30cm	踝膝之间	丰富基面
3	低篱	40 ~ 45cm	膝高	引导人流
4	中篱	90cm	腰高	分隔空间
5	中高篱	1.5m	视线高	有围合感
6	高篱	1.8m	人高	全封闭
7	乔木	5 ~ 20m	人可以在树冠下活动	上围下不围

图 3-28 以植物为限定材料的空间划分

③广场界面的升与降。这里所说的界面主要是指广场的底界面。界面的下沉形成下沉广场，如上海市的创智天地广场；界面的上升形成上凸广场，如上海市的国歌纪念广场。界面的下沉增强了空间的围合感、场所的领域性，免受视线与人流交通的干扰，提升了空间的品质。界面的上升，则主要是对周边空间实现了间接的限定（图 3-30、图 3-31）。

（3）第三次空间组织

广场“子空间”内部的具体设计。第三次组织类似于公园景观规划设计的具体设计部分，是对“子空间”的细化，利用铺装、植物、水体、座椅等景观元素丰富“子空间”的“空间”，安排人的活动。使每一个“子空间”都成为一个独立而完整的空间区域，具备空间特征和功能特色（活动）。但是，“子空间”的细化，不宜琐碎，并且要确保其风格与广场整体风格相协调统一。

3.3.5 广场的景观营造

广场的景观营造主要是指广场内部景观的规划设计和从广场中远眺到的外部景观的引入。

图 3-29 挡土墙、植物共同作用下形成不同的空间（吴闵 绘）

图 3-30 上海市杨浦创智天地广场（下沉广场）。竖向上的空间变化，塑造了不同的空间类型，不同高差的构筑物起到了很好的空间分隔作用

图 3-31 上海市国歌纪念广场（上凸广场）。广场重心部分上凸，强化了其纪念性，强调了位于中间部分雕塑的重要性和中心感；同时结合广场周边的植物，塑造了良好的空间形态

1. 广场内部的景观

对广场内部的景观，主要是利用小品、植物、建筑、雕塑、休闲座椅等来塑造，有些广场还会辅以音乐来强化设计感受。

小品是最常用的广场景观设计元素，但是小品的选择要注意广场的风格特征，两者的气质必须相互协调。比如，休闲娱乐广场中的小品可以活泼一些；纪念性广场和政治氛围浓厚的广场中的小品应该严肃一些，重在突出广场的纪念意义或政治意义。广场内的植物在四季都应该各有特色，体现其季相特征。

水景也是广场内部景观的重要方式之一，最常见的水景形式是喷泉、水池、瀑布和跌水。水体的流动、喷洒不仅可以活跃空间气氛，还能产生水声，吸引人们的注意力，掩盖和削弱道路噪声对人的不良影响。

值得一提的是，广场设计中的小品必不可少，但是要防止“过度设计”的发生。

2. 广场外部的景观

广场外部的景观，可以作为广场内部景观的补充，丰富广场的内容，类似于园林设计中经常使用的“借景”手法。为了达到良好的借景效果，在广场设计时要注意视线分析，借助对中轴线、地形高差等的利用，创造丰富的视觉效果。山地城市广场、滨水广场对外部景观的利用就比较常见，也相对比较便利。

3.3.6 广场景观设计注意事项

公共活动广场周边宜种植高大乔木，集中成片绿地不应小于广场总面积的25%，并宜设计成开放式绿地。车站、码头、机场的集散广场绿化中，集中成片绿化不应小于广场面积的10%。但是要注意，交通道周边的植物配置宜增强导向作用，在行车视距范围内应采用通透式配置。

广场竖向要求。平原地区广场地面的坡度应小于或者等于1%，最小为0.3%；丘陵和山区应小于或者等于3%。地形高差较大时，可建成阶梯式广场。与广场相连接的道路纵坡以0.5%～2%为宜。积雪及寒冷地区不应大于6%，但在出入口处应设置纵坡度小于或者等于2%的缓坡段（图3-32、图3-33）。

图3-32 郑州万科中心广场

3.4 街头绿地景观规划设计

3.4.1 街头绿地的定义

根据2002年新颁布的《城市绿地分类标准》（CJJ/T85 一 2002）中规定，街头绿地是公园绿地（G1）的一种类型，是指位于城市道路用地之外，相对独立成片的绿地，包括街道广场绿地、小型沿街绿化用地等。

图3-33 郑州万科中心广场

行业中对于其含义的理解也有着不同的版本：

"街头绿地指道路红线以外、沿街布置，面积不大的开放性公共绿地。转盘、花园、广场均为街头绿地，其主要功能是装饰街景，美化城市，提高城市环境质量，并为游人及附近居民提供游憩、娱乐场所。"

"街头绿地是一种习惯性提法（也有人称街头游园），一般指的是临近城市道路，出行便利，与生活区或商业服务区联系密切的开放公共绿地，往往区别于城市公园、居住区绿地等。街头绿地的规模与面积变化幅度很大，有的小到 100m^2，有的大到 1000m^2、2000m^2，这表明街头绿地的面积规模没有强制性的约束。变化多样、因地制宜，是它有别于其他公共绿地的特色，开放性、便利性及其分布广泛性是它的基本特征。"

3.4.2 街头绿地的类型

从开放性的角度来看，街头绿地分为封闭式和开放式。

封闭式：封闭式的绿地禁止游人进入，仅供观赏之用。这种绿地多和道路、纪念性建筑结合在一起，其功能除了形成丰富的景观、美化街景外，还有组织交通、烘托主题等作用。

开放式：开放式绿地属于街头休憩绿地，面积相对较大，有一定的空间和范围供植物栽植和活动场地的布置，并配备休息设施，如座椅、凉亭、花架等，可供行人在其间活动、娱乐和休息。

从与道路的相对关系来看，可以分为图 3-34 中的几种。

街角的街头绿地：这种街头绿地开放性强，与道路紧密结合，除了体现出景观观赏性，也是居民喜爱的集中活动场所，还是重要的交通走廊。

沿街的街头绿地：这种形式的街头绿地一般沿城市道路、城墙等呈条状分布。当宽度较大时，可以适当布置活动场地和游乐设施；当宽度较小时，一般只种植植物，而限制人的进入。

临街建筑前庭绿地：这种绿地一般附属建筑而存在，与建筑在功能、风格、文化特性上有较强的联系。当然，大多数这种类型的绿地也是向公众开放的，属于城市的开放空间。

跨街区的街头绿地：这种绿地位于两条城市主要道路之间，两端分别与两条道路相接。该街头绿地将两条道路连接起来，有些可以让路人以及周围居民十分方便地穿行，有些则从安全性的角度考虑，禁止行人通过。

3.4.3 街头绿地设计要点

街头绿地作为城市开放空间的一种类型，从功能上看，与公园一样可以提供给公众户外游憩、观赏、娱乐的职能，也能像城市广场一样提供便捷的交通通过性；从用地性质上看街头绿地与公园一样都是面向居民的公共开放空间；从生态效应上看，街头绿地与公园一样可以营造出优美的自然景观和良好的小气候环境。

所以，从设计理念和设计方法的角度来看，街头绿地融合并且继承了城市公园和城市广场的特点，两者的设计手法对于街头绿地来说有着很强的借鉴作用。

但是，街头绿地与城市公园、城市广场又存在着一些不同之处，主要表现在以下几个方面：街头绿地的规模较小，设计内容和可进行的活动较少并且受限；从区位上看，街头绿地通常分布于街头、历史保护区、旧城改建区；相对而言，街头绿地在历史城市、特大城市中分布最广、利用率最高，是见缝插绿、提高中心城区和老城区绿化水平的良策。绿化覆盖率大于 65%（图 3-35、图 3-36）。

所以，从其特异性的角度出发，提出来几点建议。

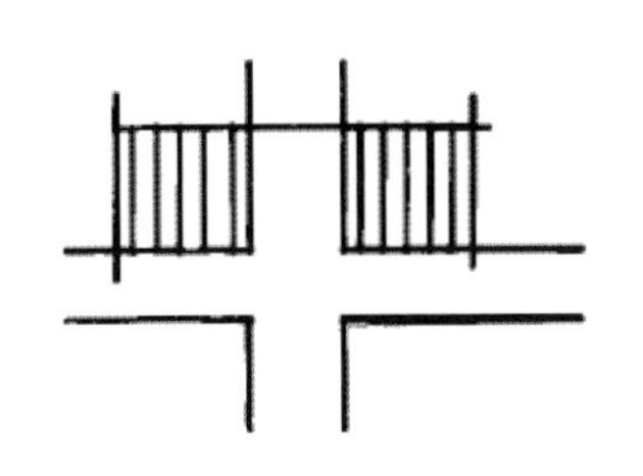

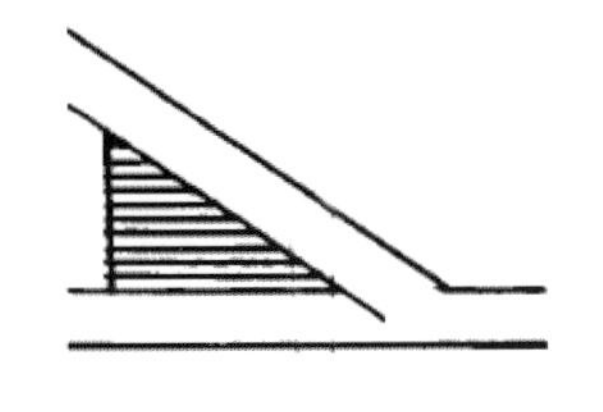

街角的街头绿地

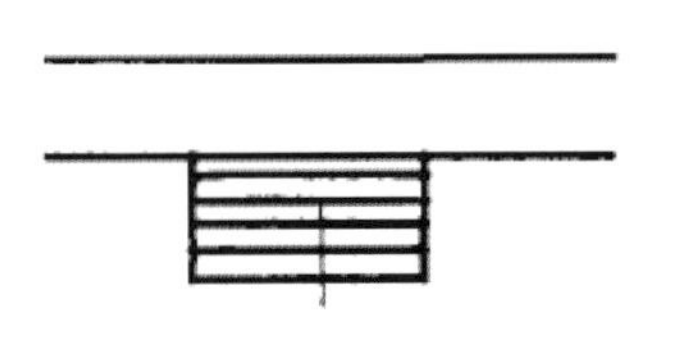

沿街的街头绿地

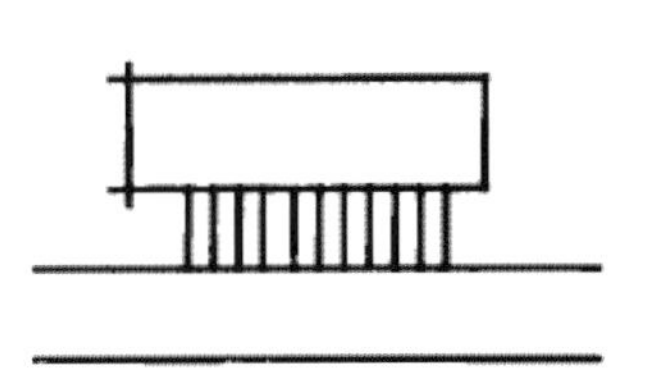

临街建筑前庭绿地

跨街区的街头绿地

图 3-34 绿地与道路的相对关系

图 3-35 澳大利亚珀斯中国园

图 3-36 广场错落空间设计

1. 因地制宜

作为一个规模较小、外部轮廓往往较为独特，紧邻城市道路和街区，并且处于城市中心地段的高强度的开放空间，街头绿地周边环境必然是高度复杂的。那么，在设计之前，必须对街头绿地所处的内部、外部环境有一个清晰的了解，然后再进行下一步设计。例如，考察场地外部车流量、车流方向；明确场地周边用地性质，是商业街区还是居住街区，是学校还是其他等；场地内部，地形是平整的还是起伏的，有没有需要保留的东西（任务书有没有针对保留对象的特别设计要求），场地的其他特征；场地内外的沟通衔接，场地内外相对高程，场地内外交通连接要求等。只有准确、全面地对场地实际情况作出分析，才有可能提出最恰当的设计方案，这就是所谓的“因地制宜”。

2. 定位清晰，功能合理

街头绿地分布于城市各处，有的位于居住区附近；有的位于商业街旁；有的则处于名胜古迹附近。要根据街头绿地所处的环境，对其提出明确的定位，根据不同的需求，设计功能相适应的、风格独特的街头绿地。如居住区附近要考虑居民的日常生活与娱乐，设计则应接近生活，提供较为方便的活动场地和适当的休闲娱乐设施；商业街旁的绿地则应与商业街的商业氛围融为一体；名胜古迹附近的街头绿地就应与古迹的典雅古朴遥相呼应。

3. 植物的选择

植物的选择是任何一个景观规划设计项目都必须思考的问题，之所以在这里单独提出来，是因为街头绿地作为一个强开放、高使用频率的开放空间，其任何一个元素的选择都与居民的关系显得更加紧密。因此，除了考虑植物的生态效应、美学价值、观赏作用，还要重点考虑植物对使用者的不良影响。比如街头绿地上，人可以接触到地方要绝对杜绝有毒、有刺的植物。

4. 多样而灵活的构图

街头绿地的规模虽然较小，但是其在功能分析、交通布局，以及空间划分方面，必须与公园景观规划设计、广场景观规划设计一样全面而且深入，正所谓“麻雀虽小五脏俱全”。得益于其规模较小，才能更加细致地去处理其空间划分，这就对设计者提出了更高的要求，设计者必须在合理分析的前提条件下实现更加丰富、独特的平面几何构图。

3.5 校园景观规划设计

对于校园景观来说，包括校园景观规划和校园景观设计两个层面的内容，快题考试一般主要涉及校园景观设计，规划方面的考题较少，因此，本部分的内容主要是谈及校园景观设计。但是，在某大学研究生入学考试复试阶段的考题就涉及到了校园景观的规划，所以说，这方面的知识广大读者和考生也不能完全忽略。

本部分主要通过校园景观所面临的问题以及校园景观设计的优化策略两个方面来讲解校园景观设计。重点阐述校园景观设计的独特性，而与其他景观类型共通的内容，则不做过多说明。

3.5.1 明确设计对象

无论哪种类型的设计，其实质都是对空间的重塑和组合、对空间的优化设计，校园景观也不例外。针对中国大学校园的特征，这里所说的校园空间是指对公众开放，主要供校园师生生活学习的环境，它包括自然界的开放领域，也包括校园内部的公共场所，但是不包括建筑内部的私密空间和外部空间中的个人使用场所，亦即校园建筑外部公共空间。

3.5.2 校园景观的环境特征

1. 校园环境的独特性

环境特征：校园是一个“苑”与“文”的结合体，就是说除了要有公园般美丽、怡人的自然环境，也要兼具教学、文化、育人的内涵，这是校园景观跟其他类型的景观环境最大的不同。

服务对象：校园景观所服务的主要对象是青年学子，所以与一般的城市公园相比，对象更加单一和明确，这就要求校园景观空间塑造必须具备与一般公园所不同的功能和氛围，有更强的针对性。也就是说，除了环境宜人外，校园环境还要有供学生学习、交流、开展活动的场所，同时，还要展示一所大学的独特气质（图 3-37、图 3-38）。

2. 大学生公共活动的空间需求

“人们规划的不是场所、不是空间、也不是内容，人们规划的是体验。根据这一原则，最好的社区是给它的居民提供最佳的生活体验。”对校园景观设计来说，最终目的不是

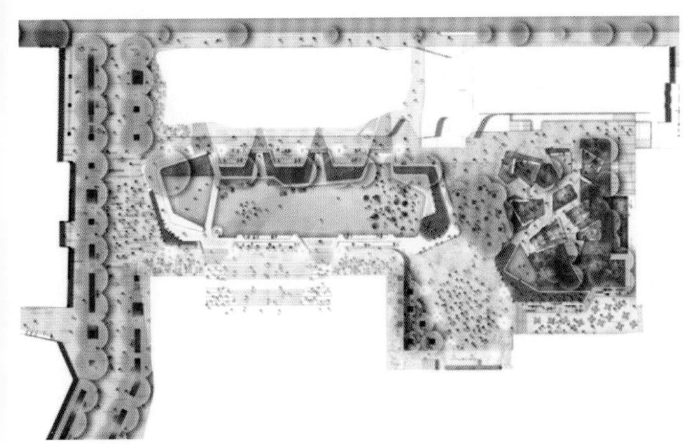
图 3–37 悉尼科技大学校园景观和学生活动

图 3–38 悉尼科技大学校园景观休息椅

为校园塑造实或虚的物理空间，而是要通过这种空间的塑造，为使用对象提供更多的可能性，让他们利用这个空间学习、工作、交流，满足其日常生活最基本的需求，形成其独特的个人体验。

从校园户外公共空间的活动类型来看，分为必要性活动、自发性活动和社会性活动。每一种活动类型，大学生对于其承载空间的要求都不太一样，每一种活动的频率和强度也不一样（图 3-39、图 3-40）。

图 3–39 同济大学建筑与城市规划学院一年一度的建造节（吴闵 绘）

图 3–40 同济大学樱花大道

表 3-4 大学生的户外空间需求

户外空间类型	场地特征	比例
学习空间	安静、有桌凳等设施、遮阳避雨（树木、廊架等）	32%
运动空间	平坦空地、体育设施	22%
休闲空间	环境优美（阳光、水、绿化）、可停留、公共、主体性、相对的私密性	36%
其他	灰色地带、附属	9%

表 3-4 是关于某大学校园环境景观调查的统计结果，一定程度上反映了大学生对户外主要空间的需求。

以上各类户外空间有时表现出交叉的状态，并不能完全分开。因而，大学生的校园户外需求又表现出独特性、多样性和随机性的特点。

3. 现代大学的独特气质

现代大学的独特气质，一方面指的是教育环境特征，另一方面是指大学的文化特色。这样一种独特的气质，对于校园景观也有着十分重要的影响。

比如，现代大学更多的趋于开放性，包括教学理念的开放，校园环境的开放。开放的校园，使得校园景观成为了城市公共空间的一部分，社会居民也成了校园空间的重要使用人群。由于这种开放化，校园人流、车流的日益庞杂，校园的道路系统需要考虑校园内外交通的便利性、行人的安全性，也要兼顾学习、研究的安静氛围。

3.5.3 校园景观优化设计建议

1. 定位明确

明确校园景观的主要服务对象是学生和老师，同时面向社会人群；明确景观空间的区域范围（教学区、科研区、生产后勤区、文体区、学生生活区和教职工生活区等）。校园景观的塑造要紧密联系服务对象和活动类型，以此为依据，创造主次分明、开合有致的空间序列。

2. 营造宜人的空间尺度

这里主要讲解的是校园景观设计，那么，比照广场空间渐进式的划分方式，本部分的空间营造属于第二个层级和第三个层级的“子空间”。主要的工作就是在完成了校园绿地景观规划（第一个层级）的前提条件下，进行下一步的具体设计，包括对目标场地进行分区、功能规划、交通规划、空间营造（第二个层级）等，然后对已划定的功能区、空间范围进行更加深入的设计（第三个层级）。比如说，校园的中心广场设计、教学楼前的活动区、图书馆周边环境，中心水体的环境营造等。具体的设计方法、景观元素的运用，可以参考本书讲述的其他景观类型的设计要点(图 3-41、图 3-42)。

图 3-41 美国宾夕法尼亚大学公共绿地

图 3-42 美国塞勒姆州立大学公共绿地

关于校园景观的空间营造：考虑到外部交往行为的层次性，校园外部交往空间总体上存在三个围合尺度区间：70 ～ 100m 的社会性视域，20 ～ 25m 的空间领域，1 ～ 3m 的近距离空间。

（1）校园里的小空间

通过对相关文献的整理和总结，校园户外的小空间在 12 ～ 25m 的范围是合适的。太小会显得局促，而且容易成为视觉里的孤岛；太大则显得疏离，无法控制，需要进行空间的二次划分，或仅为仪式性、纪念性场所的需要而存在。比如同济大学校园内的“小外滩”，是各国学生都十分喜爱的聚集场所。这样一种空间尺度从开放度上来说，属于半开敞或者私密空间的范畴，适合进行较为亲近的和小型的活动；适合作为较大空间范围内的一个节点，属于该大空间的“子空间”，是大空间的再划分。

（2）校园里的大空间

这里的大空间是相对上文的小空间而言的，即 70 ～ 110m 的“社会性视域”。刘滨谊教授在其《现代景观规划设计》中也提出：110m 这样的一种空间尺度能感受到领域感。能够让人清晰地体会到前景与背景的相对关系，比如可以清晰地感受到一片草地的背景林以及它的林冠线。在实际的设计项目中，需要去运用这样的空间尺度，与“校园的小空间”相互渗透和穿插，形成有节奏感的空间序列，予人以不同的空间感受、视觉体验。实现空间的多样性，景观的变化性，感受的差异性。

（3）空间的划分

前面强调了划分不同尺度空间的重要性，下面将讲述空间划分的方法。空间划分即运用各种景观元素，如植物、水体、铺装、雕塑、置石等来分割空间，将原本比较大的空间细分为较小的空间。或者是利用高差的变化，塑造不同高程的空间环境，形成立体的空间结构；再或者是利用不同类型的几何元素来划分、整合空间。

但是，需要注意的有两点。第一，空间不可以切得太碎。无论是在第一个、第二个，还是第三个层级上，所有的空间必须是有大小对比，有主有次；第二，划分的依据。无论采取什么元素来划分空间，其空间上的走向必须与场地的功能相匹配，与场地的交通引导性相一致；空间限定元素的轮廓必须保证空间上的流畅性和连贯性，同时不可以为了追求几何构图的美观而忽略了基本的功能诉求。比如说，不能在场地的主要出入口设置障碍，并且场地空间的划分还必须增强这种交通引导性，使人一目了然，增加便捷性。再比如说，人流量大的地方必须配合较大尺度的空间，场地内部空间的协调对比必须符合场地内部不同区域的人流量要求。

（4）道路

现代校园的开放性，决定了人车混行的交通状况。但是道路系统规划属于校园规划阶段，这里说到道路，主要是为了谈及它的空间尺度。

虽然说校园里的人流聚散有很强的时间规律性，但是在设计道路宽度时，最好考虑人流负荷的高峰值，以应对特殊情况，特别是校园内的主干道、建筑之间的穿行空间、宿舍楼前集散空间等。如扬·盖尔在《交往与空间》中提到，每米街宽每分钟通行的上限人数大约是 10 ～ 15 人，按 4m（满足消防车辆通行）来算，每分钟可以通过 40 ～ 60 个缓行的人。由于校园内一般有几条主要步行道路进行分流，所以，4 ～ 7m 的步行主道是可以应对下课高峰期人流的。由于一般情况下学生也喜欢 2 ～ 3 人结伴而行，边走边聊，所以步行路的宽度不宜小于 2.5m。对于绿地中的园路，一般不宜小于 0.9m。

以上的数据除了让大家对道路设计的尺度规范有一个直观的了解外，更重要的是希望学习者能够将它们运用到实际的设计项目中。

3. 校园文化价值体现

无论是综合性大学，还是专业性大学，都必然有其独特的文化内涵，可能是极具特色的教学理念，可能是百年传承的历史人文精神，也可能是校园所处的特定地域环境，这些特点也是校园景观规划设计需要专门考虑的一个内容。所以，在进行校园景观设计的时候，要认真思考校园的文化内涵，通过景观设计，以一种物化的方式将这种文化品格表达出来（图 3-43、图 3-44）。

图 3-43 美国纽约州立大学石溪分校

图 3-44 韩国首尔梨花女子大学

图 3-45 庭院休息区设计

图 3-46 休息区阳伞设计

图 3-47 悉尼卡灵巴地区庭院

3.6 庭院景观设计

3.6.1 庭院的定义

关于庭院定义的说法多种多样，如《中国大百科全书•园林卷》对于“庭院”的解释附属在“庭园”的词条中，即建筑物前后左右或被建筑物包围的场地通称为庭或者庭院。

华晓宁在其论文《庭院空间及其设计研究》中从空间的角度出发，对庭院的定义作出界定：庭院空间是建筑或建筑群中周边大部分或主体为墙、柱、房屋等实体要素围合，顶部开敞的空间。徐苏梅在其论文中提出，庭院是建筑或建筑群等实体要素围合，顶部开敞的绿色空间（图 3-45、图 3-46）。

3.6.2 庭院景观的设计方法和特点

对于庭院来说，明确的边界使其具有独特的空间性格，因而在设计方法的解读上依然以“空间”作为出发点，以庭院空间特色为依据，探讨庭院的设计手法。

1. 庭院空间的特点

如前文所说，庭院空间的基本构成特征是周边被围合与顶部的开敞。这种特点形成了两种属性：内聚性和开敞性。

内聚性：庭院空间与其他的景观空间一样都位于建筑外部，属于外部空间的一种，但是由于其被实体的空间限定元素所界定，形成了一种外边封闭、中间开敞，边界明显、内外分野的内聚型独立的空间。这种空间具有很好的接近性、向心性和闭合性，容易塑造场所的性格特征。

开敞性：庭院空间属于建筑空间的一种，但是与建筑内部空间比起来，它的顶部是开敞的。具有延伸性，能够与外部环境有较好的沟通，因而造就了其开敞性的特点。

2. 庭院空间的本体

（1）构成庭院空间的实体元素

空间外部界定要素：侧界面、底界面和顶界面；空间内实体要素：植物、建筑、水体、地形、山石等。

（2）空间的形态

界面性质：不同的界面性质可以围合成不同的庭院空间，比如侧界面：墙体、柱廊、回廊等，底界面：硬质铺装、自然泥地或者草地、水面等；界面尺度比例，侧界面、底界面在水平面或者三维空间的变化造就了不同比例尺度的空间类型。

图 3–48 波士顿地产公司内部庭院（吴闵 绘）

（3）庭院景观构成要素

庭院景观的构成要素与其他类型的景观大同小异，包括植物、小品、水体等，唯一的区别在于，这些景观元素有着明显的背景和限定界面。因而，在景观设计的时候，要充分考虑空间界面对于庭院内部环境的影响，无论是功能性，还是美观度。

3. 庭院空间设计要点

空间的分隔：一些庭院空间尺度较大，超出了人的空间知觉距离中“亲切”的尺度，往往需要将较大的空间分隔为几个较小的空间。有些庭院空间是和建筑空间整体设计而成的，形状较为规整，与其他空间连通性好，较好利用；但是，有的庭院空间形状不规则，比例欠佳，就需要先将空间分隔为几个形式、比例都较好的空间，再进行下一步设计。

空间的扩展：①渗透和连通——空间的渗透一方面可以在视觉上让庭院空间与其他空间相互连通，通过视觉上空间的连接，打破心理层面的封闭感。另一方面，将底界面延伸到另外一个空间，采用相同或者相似的铺装材料、纹样、颜色等，强调空间的渗透和连通。②映射——水平方向上是水面的映射，映射水面周围的建筑及其他景观元素；垂直方向上是侧界面的映射。通过映射的方式扩大空间感知量，适用于狭长型、局促的庭院空间。

二次空间限定的方法很多，手法更是灵活多样，实际运用中，要注意不同方法的组合运用，但是一定要注意空间划分的层次性，注意从私密到公共的过渡和合理搭配（图 3-47、图 3-48）。

3.6.3 庭院空间设计的几点建议

庭院空间与人体空间感知的关系。庭院空间的形态尺度是由人体尺度和人对空间的基本的感知规律决定的。那么，庭院空间作为承载了人的活动的建筑空间，从以人为本的角度出发，其形态首先必须符合人的认知规律和活动的需要，这是最基本的要求。

庭院空间与建筑空间的关系：庭院空间存在于建筑中，是建筑整体空间的一个组成部分。那么，无论是其形态特征，还是空间的功能、流动性、组织结构，都必然依从于建筑整体的形态，并被其控制和决定。

庭院空间与周边环境的关系：一般而言，庭院空间是建筑整体空间的“内部”空间，但是，当在城市层面考虑建筑所处的环境、周边情况的时候，这样的“内部”空间，则变成了建筑的“外部”空间，或者是建筑与外部环境的过渡空间。其功能已经不仅仅是服务于主体建筑，还要承担一些公共性的职能。因此，在考虑庭院空间景观设计的时候，还要注意其与外部环境的和谐统一。

3.7 居住区景观规划设计

3.7.1 居住区的定义及居住区景观

在《城市居住区规划设计规范》中，对于城市居住区的定义为：一般所称的居住区，泛指不同居住人口规模的居住生活聚居地和特指城市干道或自然分界线所围合，并与居住人口规模（30000 ～ 50000 人）相对应，配建有一整套较完善的、能满足该区居民物质与文化生活所需的公共服务设施的居住生活聚居地。

居住区景观环境是居住区中除了建筑以外的外部空间。从居住区景观环境规划设计过程来看，可以将其分为城市规划层面、居住区规划层面、建筑设计层面和风景园林设计层面四个层面。这四个层面相辅相成，缺一不可。但是，针对快题考试来说，考生面对的主要是风景园林设计层面的问题。也就是在总体规划的指导下，完成居住区外部空间的景观设计工作（图 3-49、图 3-50）。

图 3-49 新加坡扎哈·哈迪德社区

图 3-50 澳大利亚珀斯半岛社区（吴闵 绘）

3.7.2 居住区景观设计原则

1. 把握居住区环境与周边城市环境的关系

居住区是一个相对独立的整体，有着一套健全的运行机制，在生态环境和景观需求方面，基本可以实现"自给自足"。但是，居住区是城市总体规划的一个部分，居住区景观环境是城市绿地系统的重要组成，这样的一种从属关系，决定了居住区不可以孤立存在、独立运行。因而，在考虑居住区景观设计的时候，要充分考虑该居住区的周边环境，实现居住区功能与周边城市功能的互补、满足交通的便利（包括出入口的设置，出入交通的安全性，驻车的便捷性）、居住区景观环境规划与城市总体布局的协调统一。

2. 大景观观念

从景观涉及的范围来看。除了景观本身，规划和建筑也会涉及景观的内容，在规划和建筑推进的过程中间，需要协同地考虑景观环境，所以，景观涉及的面广。其次，从景观自身来看，具体的实践过程中要通盘考虑整个居住区的景观环境，强调景观的全局协同效应，不过多着力于某一个点的具体设计，从宏观的角度布局整个景观环境，努力让居住区的所有居民共享景观环境的福利，最大化景观环境在生态、人文、精神方面的效应。

3. 强调景观环境与建筑的互动

正如前面所说，居住区景观环境即为居住区中除了建筑的外部空间。所以说，两者之间应该有着很强的互动关系。

现代景观规划设计理念中，理想的居住区规划方法应该是规划、建筑、景观三位一体，同时进场、互为沟通，在早期的城市规划层面、居住区总体规划层面，就要形成一种双向互动的机制，要打破规划和建筑的单向决定的规划设计方式。反过来，这也要求在居住区景观设计层面，不可以只考虑景观环境的美化，而忽略了建筑在整个居住区中间的重要地位。事实上，居住区小气候（区内通风、区内日照、区内阴影区等）环境极大地受制于建筑的物理体态、布局关系。明智的做法是在城市规划层面、居住区总体规划层面已经相互沟通的情况下，在景观设计的层面仍然积极地考虑建筑的影响作用。

3.7.3 居住区景观设计的策略与建议

现代居住区景观设计已经不是美化狭义的"园林绿化"环境，而是以大景观的态度来塑造宜人尺度的交往空间。在为住户提供优美宜人的观赏景致的同时，也积极创造各级各类户外开放空间，营造健康、和谐、充满生气的社区生活。空间的二次设计（二次分隔）成为当代城市居住区景观设计的一个重要方面。通过植物、小品、亭廊等构筑物，对居住

图 3-51 泰国 23° Escape 社区

图 3-52 重庆龙湖听蓝湾

区外部空间再次围合、设计，以此丰富空间层次，优化外部空间形态（图 3-51、图 3-52）。

1. 强化社区公共空间的建设

现代城市居住区景观环境整体水平远高于以往，在满足了人们对居住品质的要求后，向精神和心理的层面提升成为设计师必须思考的问题。“以人为本”的设计理念也要求设计者对居民的行为要素和心理需求给予更多的关注。人际交往是人们在居住生活中不可缺少的精神需求，是社会关系的一个越来越重要的方面。积极强化社区公共空间，赋予居住区外部空间环境有序的社会交往功能，以支持居住者的生活行为，促进人们的相互交往，达到人与环境、社会的相互交融。

（1）强化各层级序列的交往空间

社区公共空间不可同质化、类型化、雷同化，居住小区有不同的使用人群、不同的活动类型、不同的行为诉求，从这样的角度来说，要求将统一的社区公共空间进行不同层次的划分。我们可以将这个为集体所共同占有的空间领域，运用一定的边界限定元素划分为由外向内、由动到静，符合人的行为逻辑的渐进空间序列，形成私密、半私密、半公共、公共四个层级空间。

（2）营造“积极的”社区公共空间，增加其吸引力

在塑造社区公共空间的时候，应该和建筑布局联动考虑，营造积极的、吸引人的公共空间，而不是被建筑布局的制约，被动地安排公共空间。在现代城市居住区设计中，可采取几种途径，积极有序地组织外部公共空间：

①利用道路系统将城市居住区外部空间连贯起来，实现和加强其空间活动的整体连续性，集交通、活动、绿化于一体，且应避免居民和交通的穿越性干扰；

②利用步行道路和绿化、铺地、小品等环境设施进行组织，设置良好的逗留区域、休憩场所，避免车辆进入社区公共空间内；

③采用灵活多变的建筑群体空间布局手法，加强空间构成的整体性。可结合底层架空、空中廊道、退台式屋顶、花园屋顶平台等创造立体化的活动空间网络；

④配置公共设施、良好的环境绿化、活动性场所和标志物等，增强社区户外活动的吸引力。

（3）创造“多义性”的形态空间结构，实现多层次使用

社区公共空间设计力求呼应多层次的使用主体和多样性的交往活动，在空间的形式、布局、尺度、细节及小品设施的处理上精心筹措，创造具有“多义性”的社区公共空间，以满足不同使用者的需要；并在尽可能保持形式基本不变的情况下，满足城市居住区未来发展的需要（图 3-53）。

图 3-53 上海中凯城市之光名邸（吴闵 绘）

图 3-54 泰国 The Base 公寓（吴闵 绘）

社区公共空间形态主要涉及内容：居住区核心外部空间、住宅单体建筑之间的外部空间、居住区道路空间、植物景观空间、标志性节点空间等（图 3-54）。

2. 实现环境均好性

强调环境的均好性也是居住区景观的一个独特的设计要求，也是顺应现代住宅商品化的潮流。而其他类型的景观设计项目并不要求在每一个观赏点上有相似的美景度，反而要求感受的差异化。居住区景观环境的均好性体现在以下几个方面。

（1）环境的均好性

要求尽量做到在每一户的户外有近似美观程度的景观环境，还要求每一户的窗外也有相似的景观环境。

（2）领域的均好性

不同单元楼前要分配有贴近的使用区域，便捷性和美观度是最基本的要求，并要求为住户所喜爱。

（3）物理环境的均好性

这里提到的日照、风环境、噪声环境，其实主要来自于建筑的影响，小区中建筑的布局除了能够极大地影响居住区小气候环境，还能影响住户家中的日照强度、风环境、噪声环境。当然，这部分的影响，更多的需要在居住区规划和建筑设计层面解决，但是，作为景观设计师，也必须考虑这方面的因素，并且尽力去将原本不理想的物理环境通过景观设计的手段进行优化。

3.7.4 小区景观规划设计相关规范

1）住宅间距应以满足日照要求为基础，综合考虑采光、通风、消防、防灾、管线埋设、视觉卫生等要求确定；

2）绿地率：新建小区不低于 30%，旧区改建不低于 25%；

3）组团绿地的设置应满足有不小于 1/3 的绿地面积在标准的建筑日照阴影线范围之外的要求，并便于设置儿童游戏设施和适于成人游憩活动；

4）居住区内的挡土墙与住宅建筑的间距应满足住宅日照和通风的要求；高度大于 2m 的挡土墙和护坡的上缘与建筑间水平距离不应小于 3m，其下缘与建筑间的水平距离不应小于 2m。挡土墙高于 1.5m 时，宜作艺术处理或以绿化遮蔽。

第4章　景观节点与景观元素设计要点

4.1 景观节点设计

4.1.1 出入口

1. 出入口的定义

景观规划设计的出入口包括主要出入口和次要出入口，出入口是场地与外界直接联系的门户地带，也是游人进出场地的过渡缓冲地带。

所谓的主要出入口，也就是我们通常所说的大门，此外还有次要入口或专用入口（侧门）。不同类型的出入口，肩负着不同的功能。主要出入口要能满足场地所服务的全体游客的进出要求，具有快捷、安全、便利的特征；次要出入口方便游客出入，是对主要出入口的补充；专用出入口，则要有利于本园的管理工作。

2. 出入口设计（图 4-1）

（1）分析场地周边环境

考虑场地与周边城市主、次干道的关系，出入口位置的选择、出入口宽度的设置必须与城市交通和游人走向、流量相适应，并且根据规划和交通的需要设置游人集散广场。

（2）分析场地内部环境

以场地内部规划设计、交通导向设计为基础，出入口的地点选择还要符合内部游览需求，能够对进入场地的游人有很好的导向、指示作用，方便游人到达场地内部的主要景点。事实上，对于场地内部和外部环境（交通环境、功能分区、城市干道等）的考虑是同时进行的。

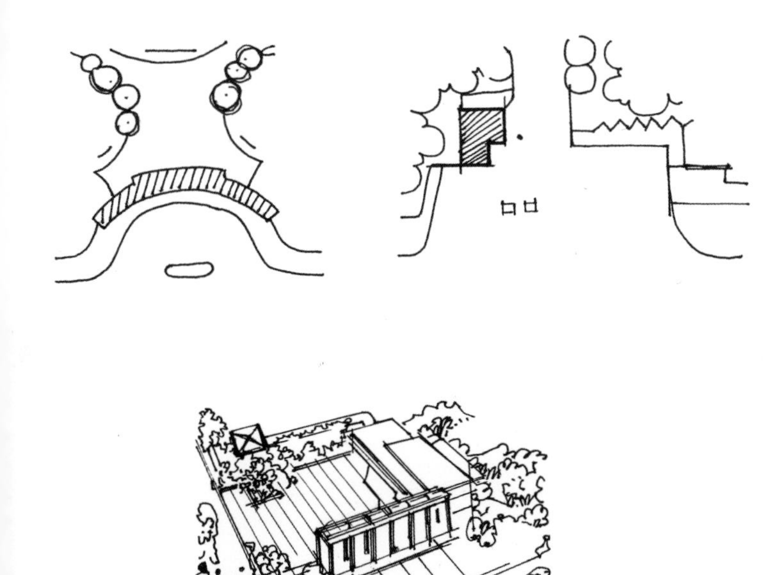

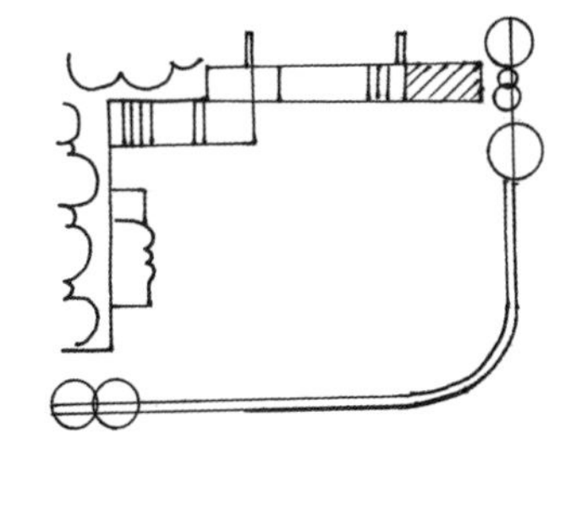

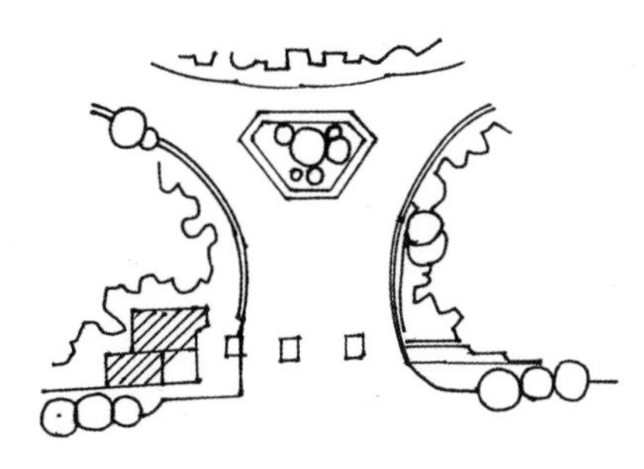

图 4-1　出入口设计示意图

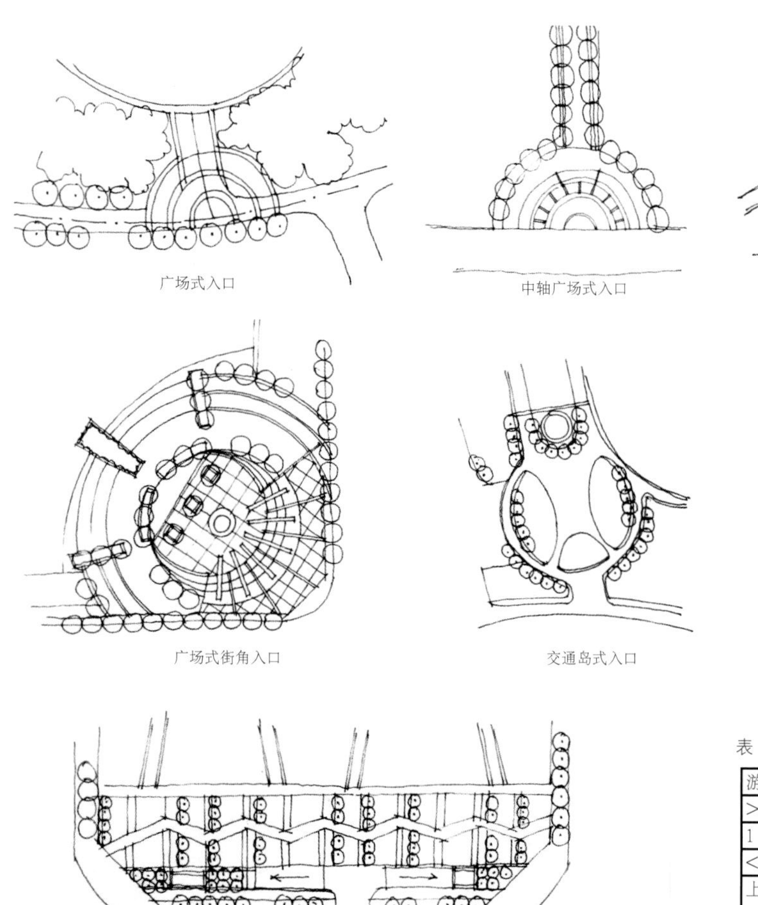

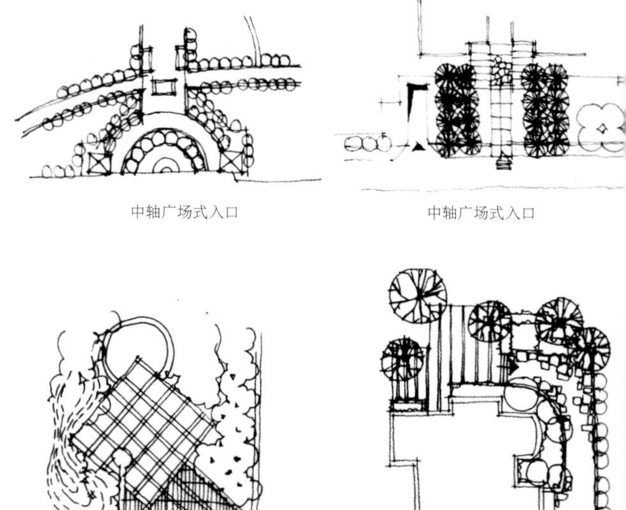

图 4-2　不同类型的广场入口示意图

表 4-1　出入口设计宽度规范

游人人均在园停留时间	售票公园（m）	非售票公园（m）
>4h	8.3	5
1 ~ 4h	17	10.2
<1h	25	15
上述指标是公园游人出入口总宽度的下限（m/ 万人），万人是指公园游客容量		

（3）出入口设计原则

公园可以有一个主要出入口，一个或者几个次要出入口及专用出入口。根据城市规划和公园本身功能分区的具体要求与方便游览出入，遵循有利于对外交通和对内方便使用和管理的原则，设置场地出入口。当需要设置出入口内外集散广场、停车场、自行车存车处的时候，要确定这些功能区划分的规模要求。主要出入口一般紧邻城市主干道或者有公共交通系统的地方，同时要使出入口有足够的空间供人流集散。

（4）出入口设计方法

主要的设计方法可以分为两种，一是开门见山式。即在出入口处呈现给游人一幅开阔的场景，让游人第一时间了解场地风格特征，直接欣赏到主入口处的优美风景。开门见山式一般用于主要出入口。二是曲径通幽式。即在出入口处采用障景或者对景的手法，引导游人探索，以空间渐次出现的形式展现公园内部景观。一般用于次要出入口。图 4-2 是不同类型的出入口设计示意图。

3. 出入口设计宽度规范（以公园出入口设计为例）（表 4-1）

此外，公园单个出入口最小宽度为 1.5m；举行大规模活动的公园，应另设安全门。对于内部环境丰富的售票公园，其出入口外集散场地的面积下限指标以公园游人容量为依据，宜以 500 ㎡ / 万人计算。

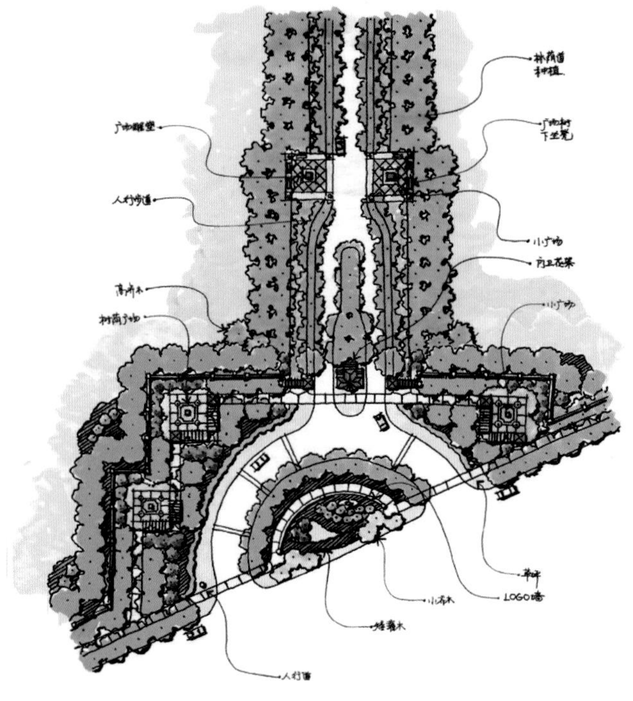

图 4-3　圆形入口，配合场地边界方便与主要道路衔接；以花景作为遮挡，形成障景

4. 出入口设计案例

（1）不同的出入口设计方案（图 4-3 ～图 4-5）

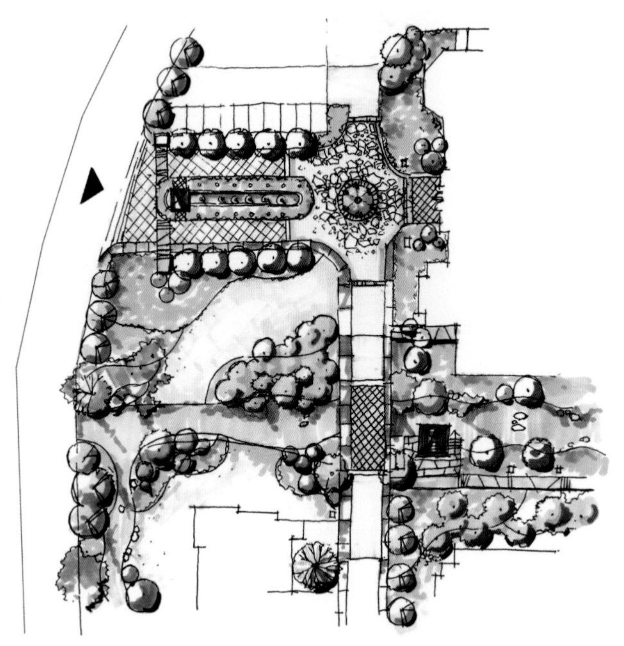

图 4-4 线形入口，中心带状花园和其后的喷水池形成迎宾景观序列

图 4-5 以构筑物强调入口特色。特别是入口较多的场地，应该设计不同风格的出入口

（2）入口前的集散空间（图 4-6 ～图 4-8）

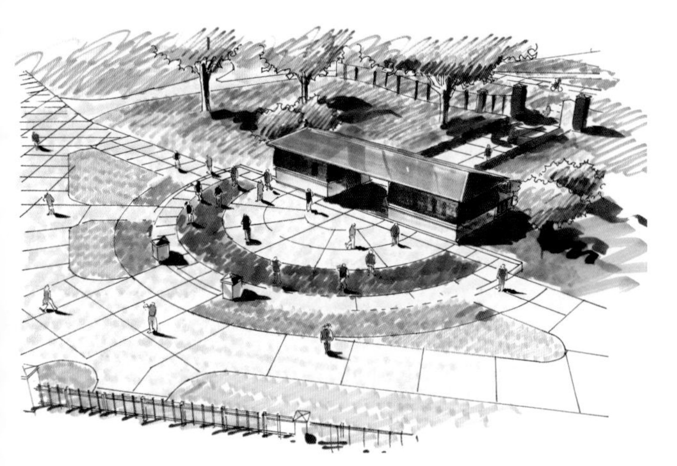

图 4-6 密歇根州立大学门口集散广场（许赜略 绘）

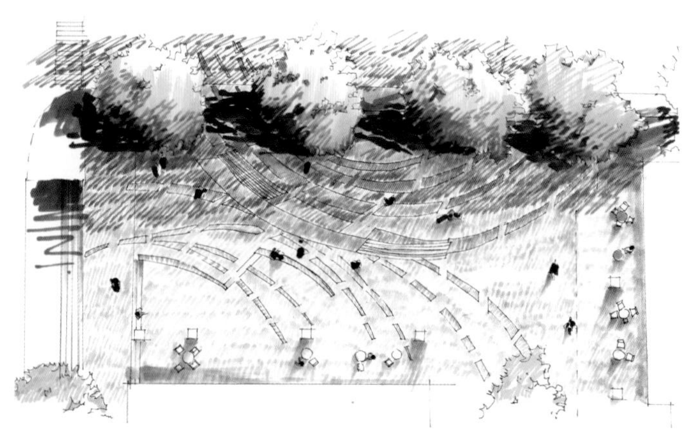

图 4-7 城市广场入口（开放式的入口）

图 4-8 建筑前的集散广场及景观（王悦 绘）

4.1.2 道路

1. 定义

在风景园林规划设计中，道路规划设计是指园林中的道路工程，包括园路布局、路面层结构和地面铺装等的设计。园林道路是园林的组成部分，起着组织空间、引导游览、交通联系，并提供散步休息场所的作用。园路系统如同整个场地的脉络，将园林的各个景区联系成整体。同时，园路本身也是园林风景的组成部分，蜿蜒起伏的曲线、丰富的寓意、精美的图案，都给人以美的享受。

2. 道路的设计原则

①与地形、水体、植物、建筑物、铺装场地及其他设施结合，形成完整的风景构图；

②创造连续展示园林景观的空间或欣赏前方景物的透视线（图 4-9、图 4-10）；

③路的转折、衔接通顺，符合游人的行为规律；

④在地形险要的地段应设置安全防护设施（图 4-11、图 4-12）；

⑤铺装纹样、材质的选择应该与该处的功能相符合，整个场地的风格要统一，并且有别于场地外的铺装风格（图 4-13 ～图 4-15）。

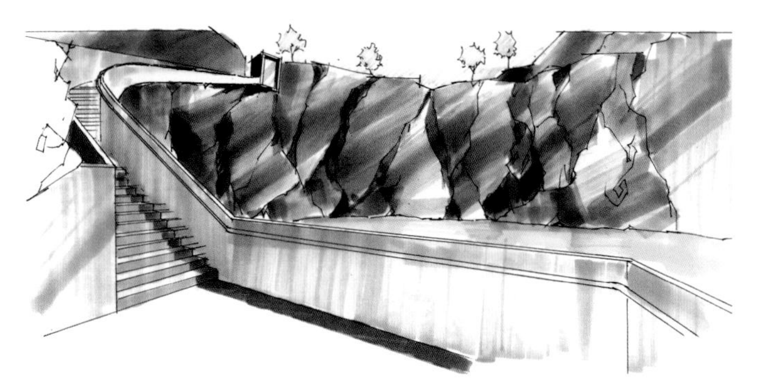

图 4-11 上海辰山植物园矿坑公园

图 4-13 统一的铺装纹样强调了空间功能的单一性，配合环绕的树丛形成独立的私密空间

图 4-9 上海市后滩公园。红色的带状构筑物不仅具有优美的形态、基本的功能（座椅），在视觉上给游人以极强的引导性，强化了近大远小的透视关系

图 4-10 上海市静安雕塑公园。曲折的道路串联起了不断变化的空间，道路的引导配合右侧紧挨的树丛和左侧开敞的水面给游人以独特的视觉观赏体验

图 4-12 上海后滩公园滨水景观栏杆

图 4-14 以不同的铺装类型暗示了空间功能的区别——木制铺装除了满足基本的通过功能，还配合矮墙形成休息空间（许赜略 绘）

图 4-15 两种不同的铺装纹样体现了不同的交通引导效果（许赜略 绘）

3. 道路的分级设计

不同等级的园路在场地中承担着不同的功能作用，彼此互为辅助。

一级道路。要求其自成一体，尽量形成环线，贯穿整个场地，能够联系各个景点（包括景点服务区）。此外，如果场地有机动车的通行需求，一般也应该由一级道路来承担。

二级道路。二级道路直接连接一级道路，一般是非机动车道路，也供给单、双人电瓶车或自行车使用，要求尽量穿过风景优美的地方，比如环绕水系，环绕绿地等。这一级道路可以将整个景区的景点分为几个组团，并尽量将组团大小均匀化。

三级道路。三级道路为游客步行道，主要供游客步行，样式可以多样化，汀步、卵石路都可以。这一级道路的形式上可以散一些，在满足基本功能的前提条件下，可以更多的展现艺术性。主要是连接二级道路之间的景观服务点和风景优美适合停留照相的地方（图 4-16、图 4-17）。

4. 道路的设计规范

（1）宽度

一级道路（主路）贯穿全园，承担园区主要的交通输送功能，人流量较大，宽度一般在 4 ～ 6m；

二级道路（支路）为主要园路的辅助道路，沟通各景点、建筑，宽度在 2 ～ 4m；

三级道路（小路）主要供休闲散步，引导游人更加深入的到达园林各个角落；双人行走宽度在 1.2 ～ 1.5m，单人行走宽度在 0.6 ～ 1.0m，一般布置在山上、水边、林下等地方，自由曲折布置。

此外，经常通行机动车的园路宽度应大于 4m，转弯半径不得小于 12m。

（2）坡度

一级道路（主路）纵坡宜小于 8%，横坡宜小于 3%，粒料路面横坡宜小于 4%，纵、横坡不得同时无坡度。山地公园的园路纵坡应小于 12%，超过 12% 应作防滑处理。主园路不宜设梯道，必须设梯道时，纵坡宜小于 36%。

二级和三级道路（支路和小路），纵坡宜小于 18%。纵坡超过 15% 路段，路面应作防滑处理；纵坡超过 18%，宜按台阶、梯道设计，台阶踏步数不得少于 2 级，坡度大于 58% 的梯道应作防滑处理，宜设置护拦设施。

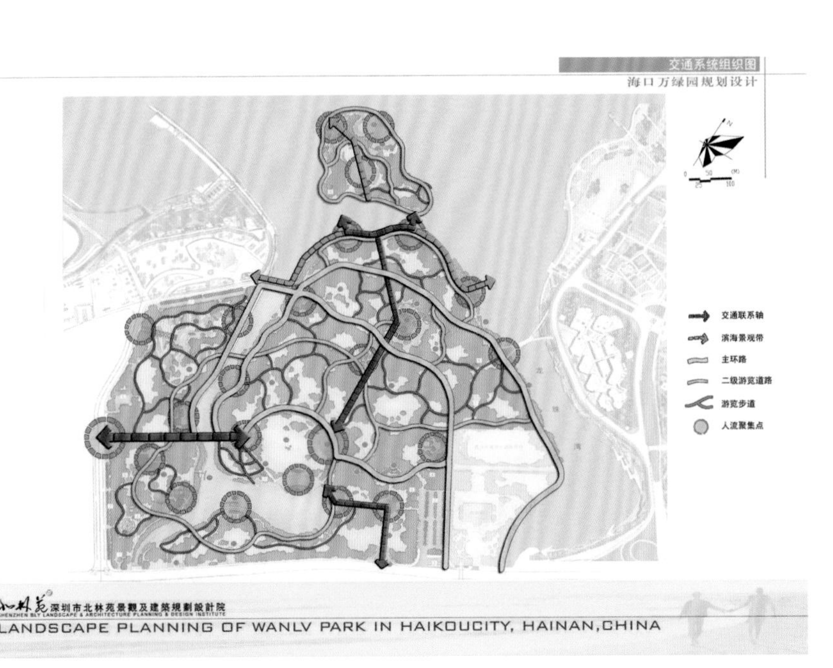

图 4-16 深圳市北林苑景观及建筑规划设计院

图 4-17 道路分析图

园路的路网密度，宜在 200 ～ 380m/ 万 m² 之间；动物园的路网密度宜在 160 ～ 300m/ 万 m² 之间。

（3）室外台阶

游人通行量较多的建筑室外台阶宽度不宜小于 1.5m；踏步宽度不宜小于 30cm，踏步高度不宜大于 15cm；台阶踏步数不少于 2 级；侧方高差大于 1.0m 的台阶，设护拦设施。

此外，在快题设计中无论是出入口，还是主要园路都应该便于残疾人使用的轮椅通过，其宽度及坡度的设计应符合《方便残疾人使用的城市道路和建筑物设计规范》。

5. 道路设计案例

（1）不同类型的园路设计案例（图 4-18 ～图 4-20）

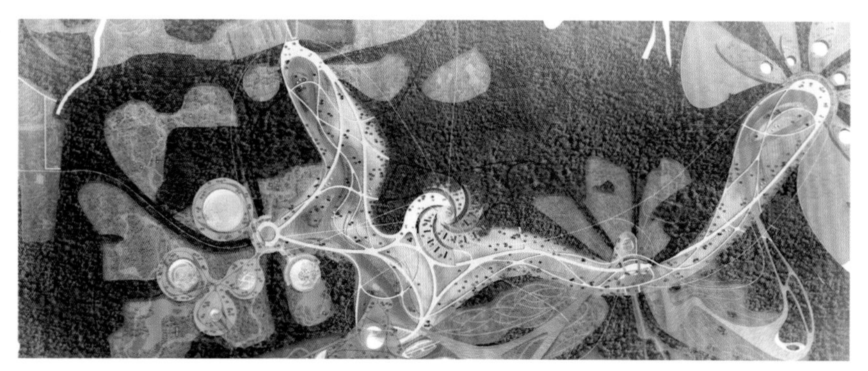

图 4-18 俄罗斯 Hosper 公园。园路的排布非常写意、流畅，但是可以看得出来，主要的园路依然成“环”，贯穿于整个场地，顾及了到达场地所有景点的便捷性

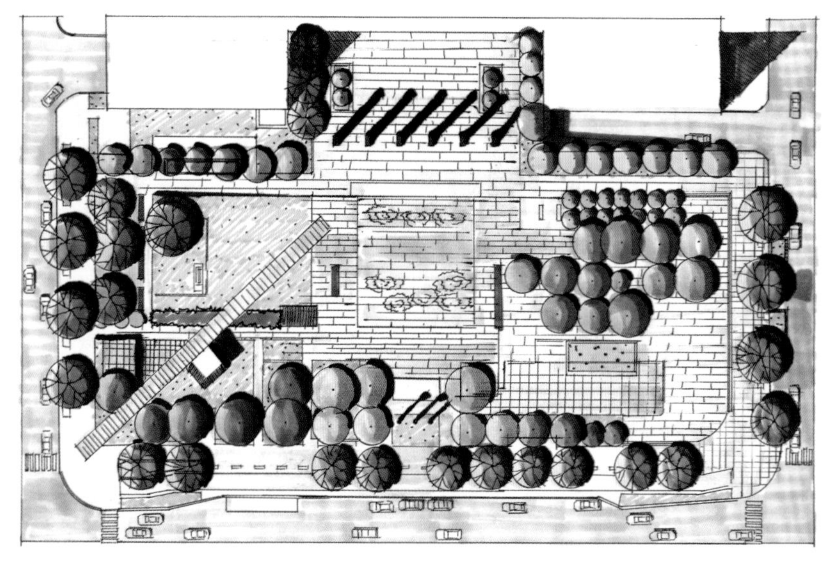

图 4-19 场地利用不同的实体元素来围合空间、形成交通导向，场地、空间已经和“路”融为了一体

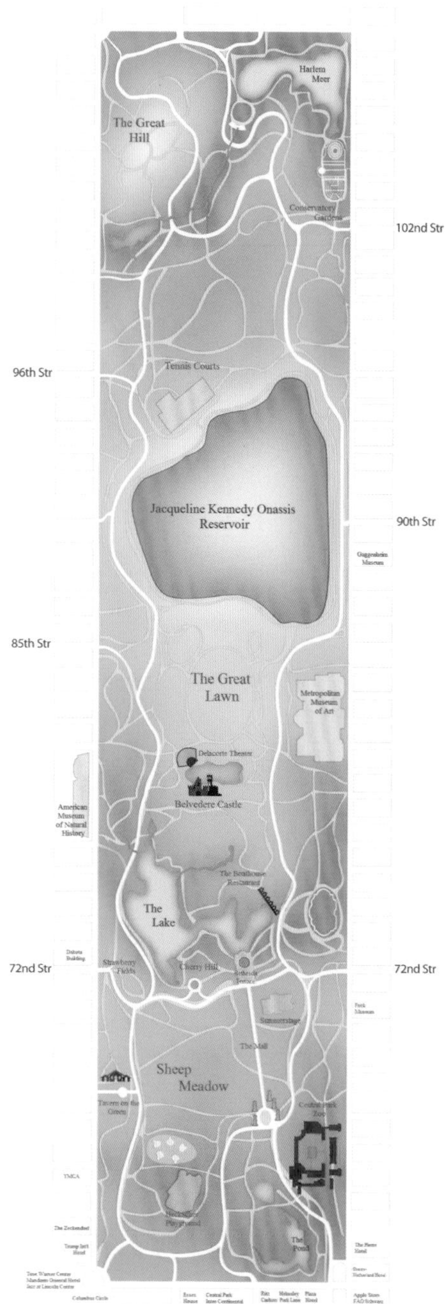

图 4-20 纽约中央公园（奥姆斯特德）。最常见的园路布置方式，主要园路成环，次级园路与主园路相接串联场地的其他部分。常见于较大规模的场地

（2）室外台阶设计案例（图 4-21 ～图 4-23）

图 4-21 大体量的台阶消解掉较大的地形落差，同时使自身成为景观的一个部分

图 4-22 台阶的形态一方面与建筑的形态相协调，另一方面与树木形成了很好的互动（郭翔云 绘）

图 4-23 台阶与场地的衔接（郭翔云 绘）

图 4-24 利用连续的"Z"字形坡道消解掉场地的高差，"Z"字形的道路通常用于场地高差较大的场地（郭翔云 绘）

（3）室外坡道设计案例（图 4-24 ～图 4-26）

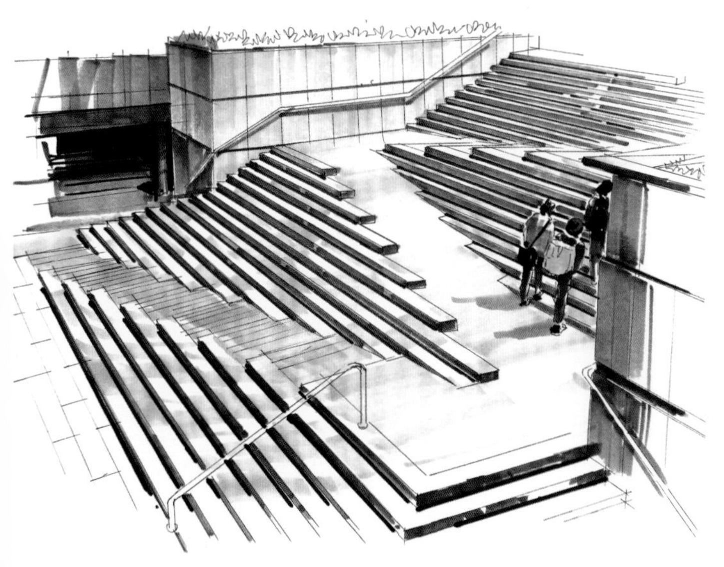

图 4-25 台阶和坡道的结合，满足了不同的使用需求，同时形成独特的景观，体现了功能性与设计感的结合

图 4-26 坡道与台阶设计

6. 停车场设计

（1）停车场相关规范

停车场一般设置于道路附近或者紧邻道路，可以说，停车场设计与道路设计是同时进行的。机动车停车场设计往往是初学者容易忽视和犯错的地方，主要的难点在于对停车场相关规范要求的准确记忆和灵活运用，以及选择恰当的停车场布局。

①公共停车场的停车区距所服务的公共建筑出入口的距离宜采用 50 ～ 100m，对于风景名胜区，当考虑到环境保护需要或受用地限制时，距主要入口可达 150 ～ 200m。

②机动车停车场的出入口应有良好的视野。出入口距离人行过街天桥、地道和桥梁、隧道引道须大于 50m；距离交叉路口须大于 80m。

③机动车停车场车位指标大于 50 个时，出入口不得少于两个；大于 500 个时，出入口不得少于三个。出入口之间的净距离必须大于 10m，出入口宽度不得小于 7m。

④方案阶段小型汽车停车位画为 3m×6m 即可，旅游大巴为 4m×12m，机动车停车场内的主要通道宽度不得小于 6m。停车场通道的最小曲线半径，大型车为 13m，中型车为 10.5m，小型车和微型车为 7m，电瓶车转弯半径不小于 5m。

⑤游览场所停车位指标如表 4-2 所示。

⑥饮食店和展览馆停车位指标如表 4-3 所示。

⑦自行车停车位面积，以垂直式停车为例，停车带宽度单排 2m，双排 3.2m，车辆横向间距 0.6m，过道宽度单排 1.5m，双排 2.6m，单位停车面积接近 2 ㎡。

⑧停车设施的停车面积规划指标是按照小汽车的标准进行估算的，露天地面停车场为 25 ～ 30 ㎡ / 车位，路边停车带为 25 ～ 30 ㎡ / 车位。

⑨消防车道的宽度和净空高度均不应小于 4m，尽端式消防车道应设回车道或者回车场，回车场应设回车道或面积不小于 15m×15m（图 4-27）。

⑩当基地道路坡度大于 8% 时，应设缓冲段与城市道路连接。地下车库的出入口与道路垂直时，出入口与道路红线应保持不小于 7.5m 的安全距离；当地下车库出入口与道路平行时，应经不小于 7.5m 长的缓冲车道汇入基地道路。

停车场种植的庇荫乔木枝下高度应符合停车位净高度的规定：小型汽车为 2.5m，中型汽车为 3.5m，载货汽车为 4.5m。

城市道路中每条机动车道宽度为 3.5 ～ 3.75m；满足一辆自行车通行所需要的道路宽度为 1.5m，两条为 2.5m，三条为 3.5m，依此类推；一条人行道宽度为 0.75m，在车站、码头、人行天桥和地道的宽度为 0.9m。

规范来源：《停车场规划设计规则（试行）》（1998 年）。

（2）几种常见的停车场布局方式（图 4-28 ～图 4-30）。

表 4-2 游览场所停车位指标（单位：辆）

项目类别		机动车	自行车
古典园林	市区	8	50
	市郊	12	20
一般性城市公园		5	20

表 4-3 饮食店和展览馆停车位指标（单位：辆）

项目	机动车（车位 /100 ㎡营业面积）	自行车（车位 /100 ㎡营业面积）
饮食店	1.7	3.6
展览馆	0.2	1.5

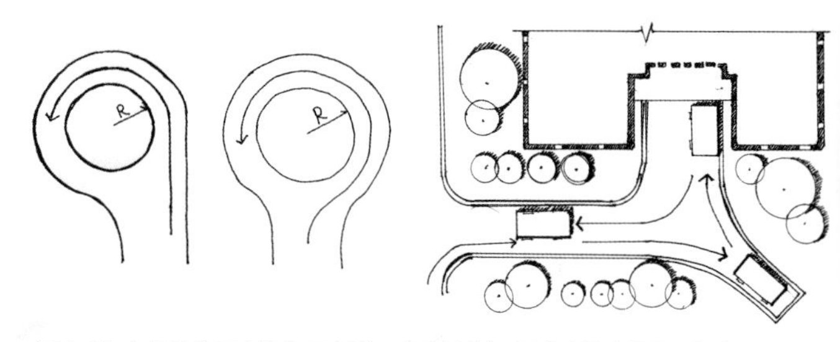

图 4-27 小场地的回车场和回车道，对于小型车，环道内缘半径 R 一般为 5 ～ 6m，小型场地中的回车环道为单行道即可

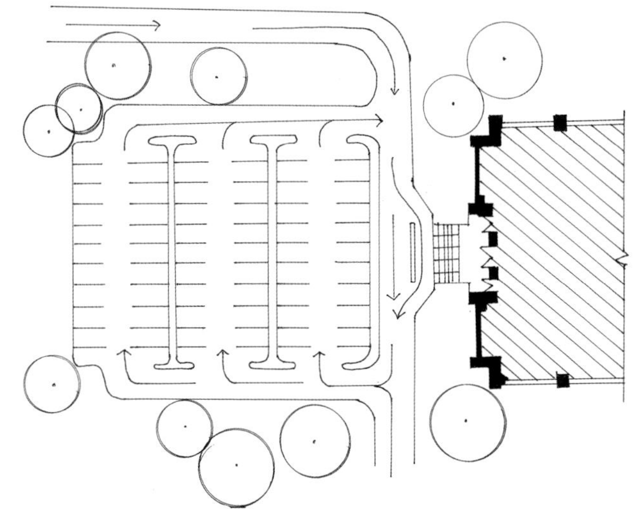

图 4-28 停车场布局

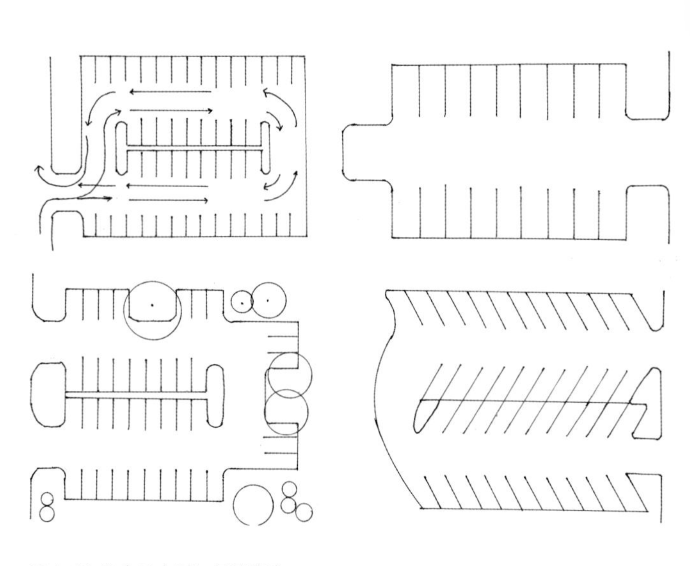

图 4-29 停车场布局与行驶路线

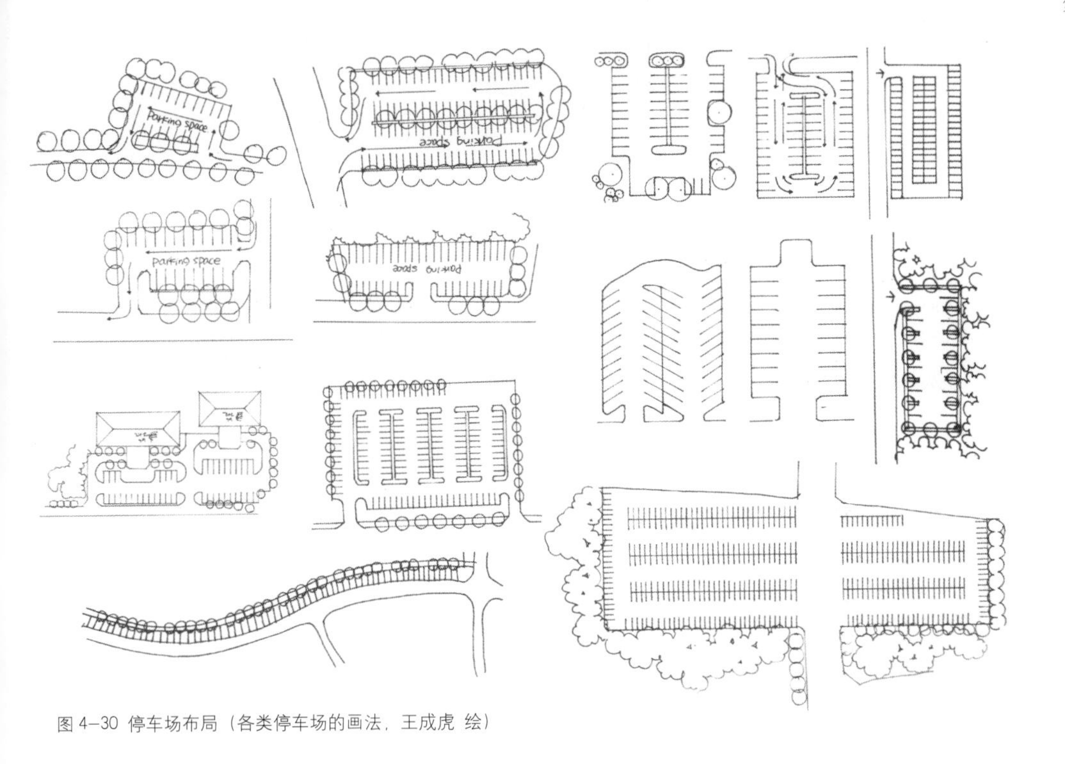

图 4-30 停车场布局（各类停车场的画法，王成虎 绘）

4.1.3 中心广场

在景观规划设计领域，大多数的设计项目都会有一个中心广场（开敞空间）作为场地的中心。所以，在准备快题考试的过程中，也应该格外注意这种场地类型。

广场的中心地位一方面体现在广场功能的多样性，可以实现多样的使用需求；另一方面也是整个场地的构图重心，此外，中心广场还拥有较大的尺度规模，是人们聚集、交汇的主要地点（图 4-31）。

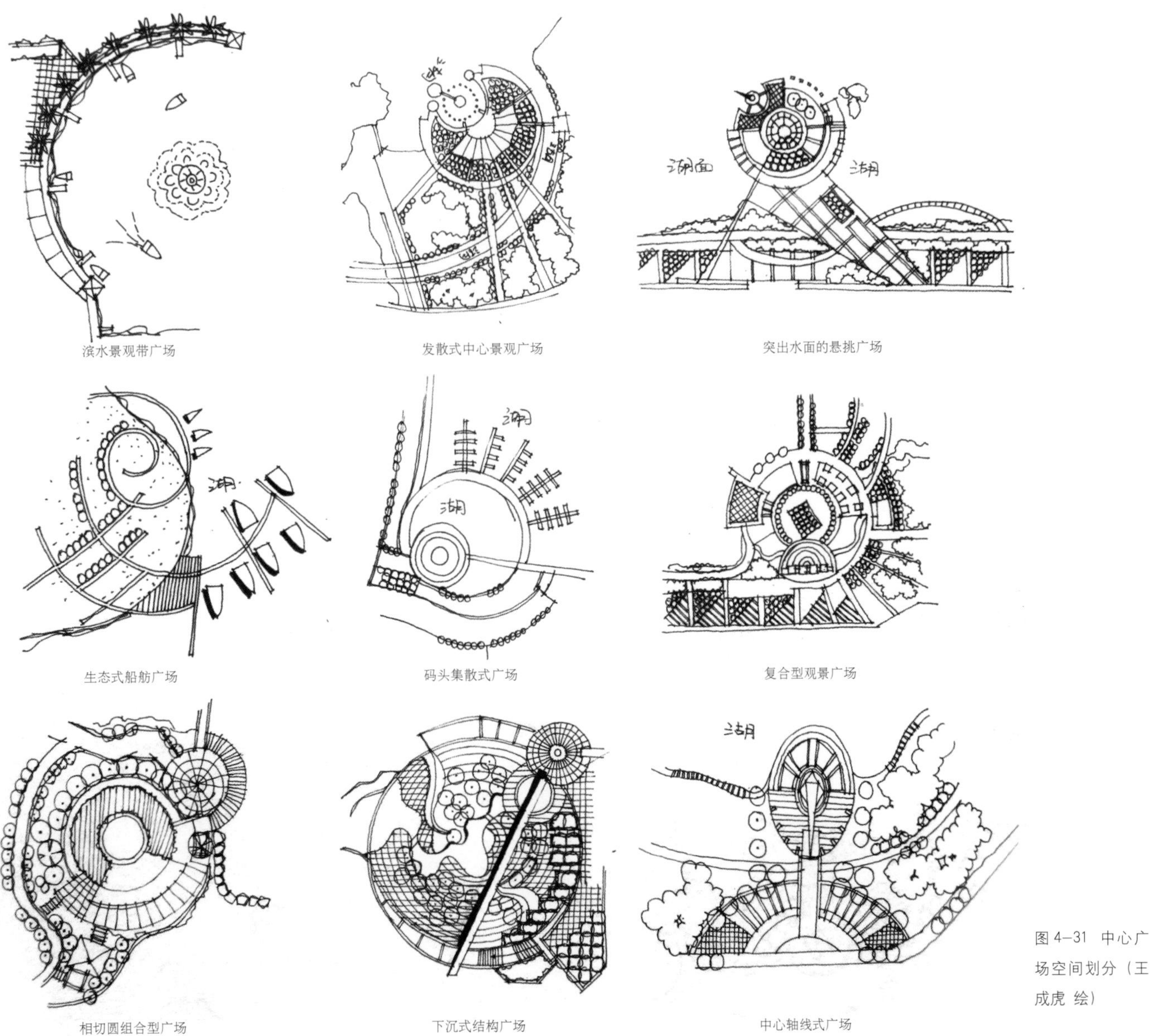

滨水景观带广场　发散式中心景观广场　突出水面的悬挑广场

生态式船舫广场　码头集散式广场　复合型观景广场

相切圆组合型广场　下沉式结构广场　中心轴线式广场

图 4-31 中心广场空间划分（王成虎 绘）

1. 中心广场的设计

中心广场的设计可以从两个方面来着手：功能性和设计性。

（1）功能性

中心广场作为整个场地最重要的一部分，能够开展较为多样的活动类型，是一个供人们集散、交通、集会、仪式、游憩、商业买卖和文化交流等活动的场所。相对于整个场地来说，中心广场的地位是最重要的，规模也是场地当中最大的。

1）集会活动

广场较大的尺度规模，有着极好的容纳性；开敞的空间形态，决定了中心广场有着极好的空间延展性，并且具备与其他空间能产生良好沟通的潜力，这样的空间尺度特征决定了广场是进行集会等有较大人群参与活动的理想场所。比如举行节庆活动，体育锻炼，或者是时下流行的“广场舞”。

2）交通集散

游人从入口进入场地，在场地的交通引导下聚集于此，并在此地分散，进入其他各个景点。这个时候，中心广场就起到了聚集和引导人流的作用。如果把一个场地的景观从入口开始分为“起景－序景－发展－高潮－尾景”，那么中心广场就属于“高潮”部分。中心广场将人流吸引于此，并在此地分散，展现的是一种景观序列在节奏上的变化，如同音乐般有起有转，有高有低。如果从空间形态的角度出发，场地入口到中心广场，空间上呈现的是一个“开－收－放－收”的变化过程。所以，中心广场又体现了空间开合的渐次变化（图 4-32、图 4-33）。

3）游憩活动

丹麦建筑师杨·盖尔认为公共空间户外活动可以划分为 3 种类型：必要性活动、选择性活动、社交性活动。每一种活动类型对于物质环境的要求不太一样，也就是环境偏好存在差异性（表 4-4）。

由于中心广场具有较好的视觉观赏价值、较大的尺度规模，往往是人们进行游憩活动优先选择的地方。通常也是家庭出行、朋友聚会、交谈休息的重要承载空间。

4）商业买卖

商业买卖是近几年来才出现的一种有组织、有特色、主题性强的一种商业形态，利用广场的大空间、大人流量来发展临时商业，是对现代城市生活的一种丰富，如上海市静安嘉里中心的露天集市（图 4-34），常见于国外的周末社区农场（利用广场或者开敞空间，售卖当地的农产品、手工艺品）；此外，也有许多广场空间被设置为临时展台，丰富场地的活动内容，也有利于提升场地的文化档次。

图 4-32 大面积的广场，让人流可停可动

图 4-33 宽敞畅通的广场提供了充分的通过性

表 4-4 户外空间质量与户外空间活动频率的相关性

活动类型	物质环境质量	
	好	差
必要性活动	●	●
选择性活动	●	●
社交性活动	●	●

图 4-34 静安嘉里中心广场。露天集市售卖世界各地的饰品、饰物，还有音乐、舞蹈等的表演，丰富了广场活动的内容，增添了广场的活力

5）文化交流

现代社会物质水平的不断提高，让人们将更多的注意力集中于文化艺术生活，作为景观环境优美、观赏价值高的公共开放空间，中心广场已经越来愈多的作为这类文化交流活动的载体出现。比如举行展览、音乐演奏等（图 4-35、图 4-36）。

6）防灾避难

在城市中，较为开敞的公共空间往往承担着非常时期的防灾避险功能。

（2）设计性

中心广场往往是一个场地中地位比较重要的地方，设计也比较出彩，景观要比其他地方更富趣味性，空间的划分上也更具特色。通过不同的空间界定材料，如建筑、植物、构筑物等，将中心广场空间划分为不同尺度的空间形态。这种空间尺度的把握，一方面要注重平面上（二维层面）的变化与协调（水平方向的远近）；另一方面要注重竖向上（三维层面）的起伏，如地形的变化、台阶和坡道的设置、林冠线的设计等，从而塑造出丰富的空间形态（图 4-37 ～图 4-40）。

图 4–35 哆啦 A 梦展览（成都）

图 4–36 达 · 芬奇 《抱银貂的女子》现代装置艺术

图 4–37 美国 Klyde Warren 公园。该公园空间利用“大轴线”（主园路）的延伸性串联起各个分隔的空间，强化了场地的整体性

图 4-38 上海博物馆外主广场。广场利用下沉的旱地喷泉形成一个可观赏、可休息的独立空间，丰富空间层次，并且利用矮石墩作为空间界定材料，强化了其空间形态

图 4-39 某城市广场。该广场利用了较多的空间限定材料来划分场地空间，如利用乔木、草坪、长廊、矮墙等来分隔场地二维平面，形成尺度不同、形状各异的空间；比如利用台阶来衔接不同高度的空间，使广场形成三维空间上的变化，这种空间分隔的方式力度强于二维空间的划分；场地还利用铺装纹样的不同来呼应不同类型的空间（许赜略 绘）

图 4-40 广州中山岐江公园。数条轴线贯穿全园空间，实现了不同空间的视觉连通，增强了相邻空间的互动性、流动性，分而不合、和而不分，丰富了场地的空间类型

(3)中心广场案例(图 4-41 ~图 4-44)

图 4–41 意大利迈丘设计

图 4–42 校园中心广场，具有较大的尺度，与周边环境有着很好的连通性，交通疏导清晰

图 4–43 葡萄牙 Obidos 科技园，仍然满足了最基本的空间需求，大空间有利于人流的疏散，与外部空间的连接，风格上与建筑、场地定位相统一（郭翔云 绘）

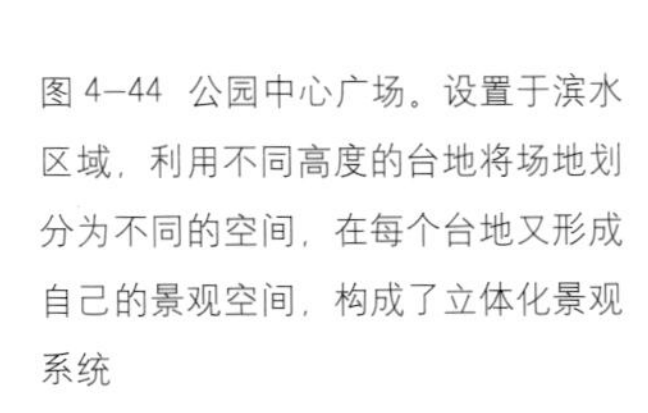

图 4–44 公园中心广场。设置于滨水区域，利用不同高度的台地将场地划分为不同的空间，在每个台地又形成自己的景观空间，构成了立体化景观系统

4.1.4 滨水广场

1. 滨水空间

滨水空间是城市中一个特定的空间地段，是“与河流、湖泊、海洋比邻的土地或建筑；城镇紧邻水体的部分”。即指在城市中陆地与水体接壤的区域，如果进一步细分，可以将滨水空间分为水域空间、水体边缘、滨水活动场所、与滨水街区空间衔接。这些部分就是在进行滨水广场设计时需要考虑的内容（图 4-45、图 4-46）。

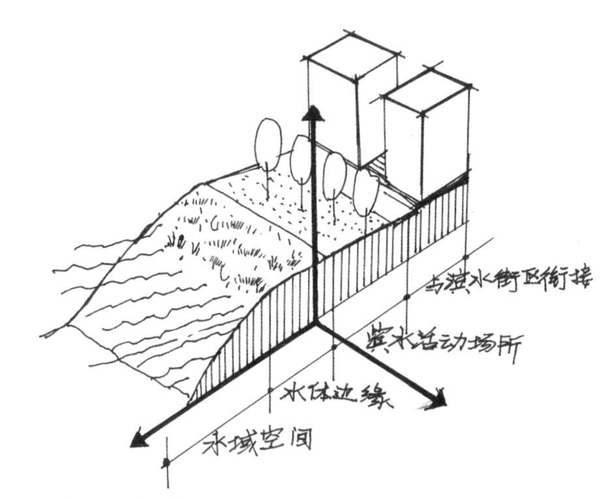

图 4-45 滨水空间

2. 滨水广场设计

滨水广场景观设计是滨水空间景观设计的一部分。在考虑滨水广场景观设计的时候，主要探讨的是“滨水”和“广场”两个层面的问题，关于“广场”部分的设计方法，在上一个章节已经较为详细地讲解，本部分内容的讲解将侧重于滨水空间的景观设计。重点讲解“滨水”二字。

图 4-46 武汉江滩公园

3. 滨水广场设计要点

滨水广场景观设计与广场景观设计最大的不同在于，滨水广场的设计需要考虑“水”“堤”“岸”三个方面的内容。

（1）水

毋庸置疑，水是滨水空间的主题，是滨水空间最重要的自然要素。从水体类型来说，包括海洋、河流、湖泊，以及运河等人工水体。一般的景观类型只涉及陆地或者只涉及水体，而滨水区不仅包括水、路两者，还有水陆交接处，是一种复杂的景观类型，也是极富魅力的一种。这种魅力可以从两方面来理解：一方面是水体自身及其滨水地区特性所具有的魅力，另一方面是与水体交往（亲水活动）所产生的魅力。

（2）堤（护岸）

在滨水景观设计中，堤是指水陆交接处的自然或者人工构筑物（护岸），起到了保障广场在汛期的安全，但是护岸的存在也阻碍了人与水体的亲近关系。所以，护岸的断面形态直接决定了滨水广场（空间）的陆地部分与水体的连接方式，从而决定了整个滨水广场的空间特征（图 4-47、图 4-48）。

图 4-47 塞维利亚滨水区分层景观示意图

图 4-48 上海市新江湾城公园滨水景观，后退式的滨水台阶

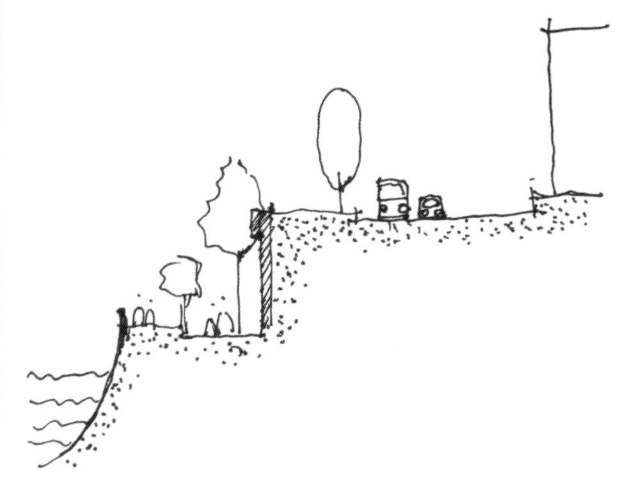

图 4-49 巴黎塞纳河畔垂直分层式护岸

图 4-50 上海外滩悬挑式观景平台

如果滨水空间不足，则应该考虑采用垂直式的护岸或者悬挑平台。垂直型的河岸同样可以在常水位设计亲水步道，使步行空间与车行空间有所分离，同时让人们有机会在亲水层面展开活动，就像巴黎塞纳河岸的处理。悬挑平台则是以抬高的滨水平台作为人们的活动空间，避免季节性的水患，保障游人安全，比如上海外滩（图 4-49、图 4-50）。

（3）岸

岸，对于滨水广场来说，就是指代滨水广场的“广场”部分，是广场公共活动的主要载体。和城市其他公共开放空间相比，滨水广场最大的特点就是沿水布置、紧邻水系，广场本身的特点则体现了空间开敞性，因而易与水体建立互动关系，塑造与“水”紧密相关的活动空间和主题，有些甚至将水体引入成为广场的重要部分。

4. 解决滨水景观设计常见问题的策略

纵然滨水广场是一个十分生动的景观空间，容易创造吸引人的景观环境，但是它的复杂性也给设计者带了诸多困难。下面提出了一些解决滨水（广场）空间常见问题的策略。

（1）克服滨水广场防洪需求对亲水活动的阻碍

策略一：抬高城市基面

通过大面积或局部建构等于或高于防洪堤堤顶标高的用地或活动层面的手段，达到抬高城市基面的目的，使堤坝与城市基面融为一体。拉近了城市基面与毗邻水体的距离，使堤坝不再成为城市和水体的阻隔（图 4-51）。

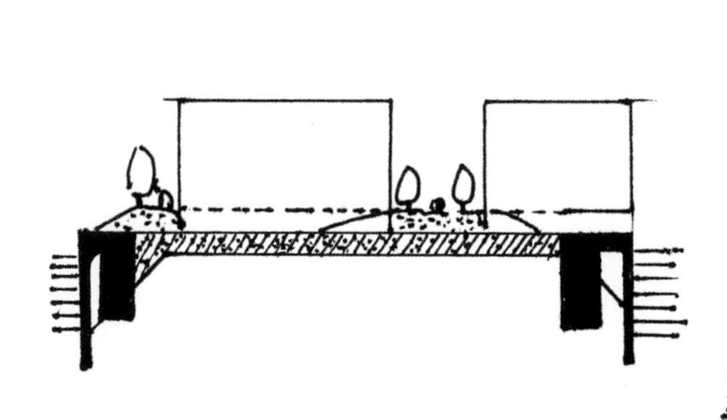

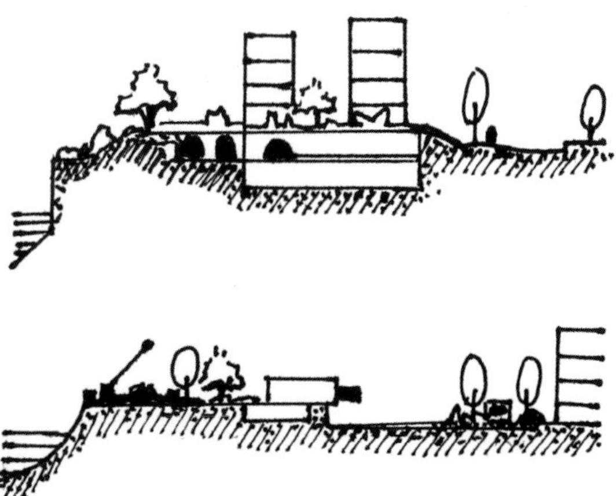

图 4-51 杭州滨江区城市设计

策略二：柔滑堤岸景观

若用地相对宽裕，则后移防汛墙，通过覆土形成单面或者双面缓坡式的堤岸，其上塑造地形，弱化防洪高墙式的感觉，形成自然的水滨效果（图 4-52）。

策略三：下沉亲水活动基面

对于滨水广场标高和毗邻水体相对高差较大、人们难于亲近水面的情况，可以利用汛期最高水位和非汛期常水位的高差，结合滨水空间用地情况，将防汛墙退后设置，在临水一侧留出一定的亲水岸地。此时，堤坝上层与城市地面标高相平，下层接近水面，通过楼梯、斜坡小路等联系上下两个层面，形成形式多样、富有活力的亲水活动空间（图 4-53）。

（2）丰富滨水景观设计的策略

策略一：组织引向水滨的空间序列

建筑、广场与水体，从城市空间到滨水空间，是一个逐渐过渡、空间渐次变化的多层次复合系统。设计者需要合理组织空间序列，带给人以多变的空间体验和路径感受。因此，在滨水空间的组织中，可以在广场景观中设置公共建筑、宜人开放空间等，利用它们的空间聚集性，构建节点空间，提升场地区域吸引力。

策略二：建构立体化水岸景观

立体化水岸景观是针对景观的平面化而提出来的，讲究层次和空间上的起伏变化，通过高中低植物植被以及地势的起伏变化，达到绿地和景观的立体化，给人以融入大自然的真实感受和享受。滨水区为争取更多的绿化面积，兼顾土地开发强度和生态平衡，可以采用立体化布局的方法来充分利用土地资源，给城市留出更多的绿色空间。

策略三：形成两岸互动的景观环境

滨水（广场）空间另外一个得天独厚的优势就是具有天然的“对景”——对岸景观。在进行滨水区景观设计的时候，除了考虑本体的景观环境，还要考虑对岸景观的借景效应。提升本体景观互动性，形成多重的活动中心和视觉重点，从而避免滨水空间景观形态的平铺直叙。主要是通过组织水岸两侧的广场、绿地、标志物等景观要素来实现。比如上海外滩景观环境，浦东、浦西互为对景。

图 4-52 柔滑堤岸景观

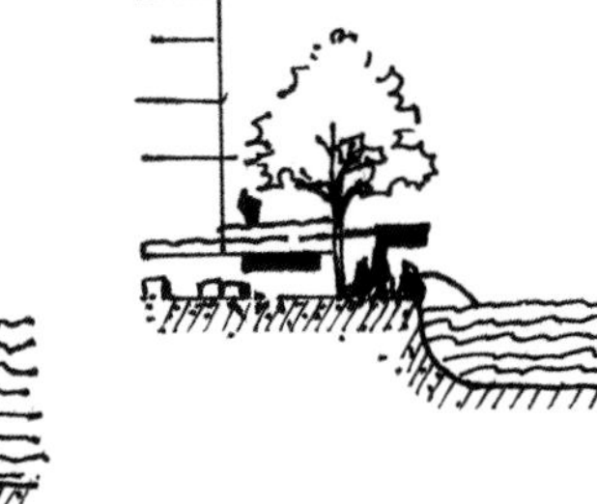

图 4-53 下沉亲水活动基面

图 4-54 利用抬高水岸或者修筑防洪设施确保滨水空间的安全

5. 滨水景观（广场）案例（图 4-54 ～图 4-57）

图 4—55 场地标高基本可以满足防洪需求，临水空间设置围栏，保证游人安全，属于硬质驳岸（郭翔云 绘）

图 4—56 滨水景观设计案例（郭翔云 绘）

图 4—57 利用软质驳岸确保了更强的亲水性，适用于滨水空间较为宽裕的地方

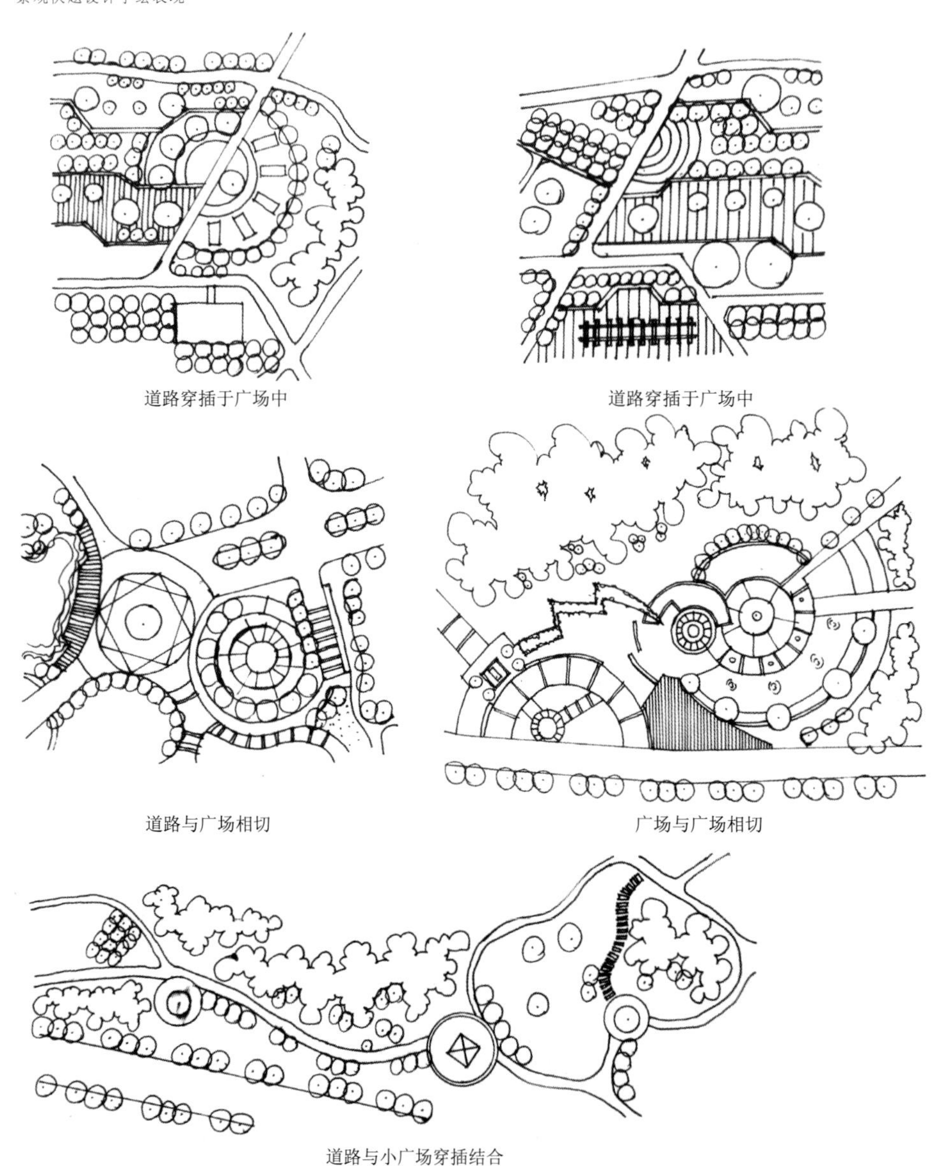

道路穿插于广场中　　道路穿插于广场中

道路与广场相切　　广场与广场相切

道路与小广场穿插结合

图 4-58 道路穿插结合广场设计（王成虎 绘）

4.1.5 景观节点设计

1. 景观节点设计内容

对于景观节点并没有十分明确的定义，无论其规模还是形式，都是多种多样的。

从尺度规模的角度看，景观节点是一个相对的概念。对于一个不大的场地来说，景观节点的类型是多种多样的，一个座椅、一个雕塑、一个亭子，都可以是一个景观节点，如静安雕塑公园入口处的雕塑，又比如中国古典园林里面的各类亭台楼榭；对于一个较大的场地来说，一个广场、一块大草坪、一个大水湖，也可以称之为一个节点，比如张家港暨阳湖公园的岛屿，纽约中央公园的大湖。所以，节点虽然被称之为“点”，但并不代表它一定是较小尺度的景观。这里所说的点更多的是一种相对的视觉概念。

2. 景观轴线

说到景观节点，就必须提及景观轴线。将景观节点连接的“线”，就是景观轴线，景观节点和景观轴线共同起到了引导游人、统筹景点的作用，强化了景观的韵律感和秩序感。景观轴线是对景观节点的串联和统一，有虚的不存在的轴线，也有实的实在的轴线。通过平面图就能表达得十分清楚。因此，在进行景观分析图绘制时，要充分考虑自己设计的节点和轴线，将其特点和特色体现出来，帮助读者强化对你设计的理解。

3. 景观节点设计案例（图 4-59 ～图 4-63）

图 4-59 地面拼花设计（许赜略　绘）

图 4-60 立体空间景观节点

图 4-61 广场地面拼花设计

图 4-62 街头绿地景观设计

图 4-63 纽约高线公园设计

4.1.6 植被设计

1. 植被设计的定义

植被设计，或者说植被景观设计、园林绿化设计，虽然叫法不一样，但是设计内容是一致的，即以植物为主要的设计素材，完成场地的景观设计。

2. 植被景观的作用

植物在景观规划设计中扮演着十分重要的角色，主要体现在视觉景观形象、环境生态绿化、大众行为心理三个方面的作用。首先，植物能够形成美丽的景观环境，塑造独特的视觉形象。其次，园林植物能够调节场地生态平衡，改善场地小气候，是优化生态环境的重要因素。具体来说，园林植物能够有效吸收太阳辐射、降低空气温度；通过自身的蒸腾作用有效调节空气湿度；具有净化水体，保护水土的作用等。再次，良好的植被环境不仅能给人以愉悦的心情，而特定的植被设计，还能带给人以庄严肃穆的感受，比如陵墓中常用的松柏类植物。不同的植物配置方式、不同的园林植物类别，都能够带给人以不同的心理体验。

3. 植被景观设计方法

应从“一大一小”两个方面考虑植被景观设计。“一大”，即从宏观上考虑整个场地的空间布局规划，空间层次协调。针对景观规划设计的特点，大部分的景观设计完成空间布局最重要的素材之一就是园林植物，因为它的量是最大的、覆盖面是最广的，园林植物可以说是塑造景观空间关系的骨架系统和基调素材。为了做好景观规划的空间布局，第一步就是要明确场地的设计意图——想要表达什么？设计重心是什么？场地特点是怎样的？只有把这几个问题弄清楚了，才能知道场地设计的主次关系，哪里需要重点表达，哪里可以简单表现。从而做到以设计意图为指导，以场地设计为基础，有的放矢地完成园林植被的空间布局。这一层面需要完成的工作是配合基地设计划分植物大体的空间关系，从图面效果上要能够分得清楚 “哪里植物多、哪里植物少；哪里植被稀疏、哪里植被密集”，也就是定下场地空间关系的基调。“一小”，即在微观层面考虑小空间的植被设计。如果说宏观层面考虑的是植物景观的空间塑造，那么微观层面考虑的则是植被景观的空间造型。在前一个阶段的基础上，微观层面更加注重的是具体的空间造型，包括景观节点的植物空间造型，还包括单体植物的空间造型。在具体的场地设计上，需要考虑的是如何通过恰当的植物空间造型来强化场地设计的特点，突出设计意图。“好的栽植设计应该用来表现形式主义的功能和加强边界……”比如说想强化地形的起伏，那么就应该在地形的高点种植植物，以拉高该地点的实际高度；又比如，为了强调某一个节点空间的私密性，就应该在其四周种植园林植物，以强化该地点的围合关系；为了强化某一种场地设计的几何形态，则应该顺应场地走向种植园林植物。正如前面所说的，植物是限定户外空间的理想元素，在大尺度的场地中利用植物群能够形成控制整体空间的骨架系统。在这个层面，需要把握骨干树种的主要空间形态，尤其是行道树、行列树、规则树阵、自然式树群与周边场地、元素所形成的构图关系，从而发挥出植物在景观营造方面的作用。

这“一大一小”两个阶段是一个从粗到细、由浅入深的设计过程，两者的关系，就像雕塑，应该先勾勒出大体的空间关系，然后再精雕细琢。

4. 植被景观设计注意事项

针对植被景观设计，还有几个误区需要提醒读者。

（1）植物可以随便选择

在考场上，有些考生为了追求图面效果，随意选择植物类型，不考虑植物种类的恰当与否。虽然在快题考试中，很难兼顾植物配置，精确到植物种类的选择，但是常识性的错误一定不可以犯。如在一个地处北方的场地上绘制棕榈科植物；在水边选择喜干植物类型；在靠近建筑的地方种植常绿植物。这些都是不恰当的。

（2）植物景观设计从属于场地设计

快题考试中，一般的顺序是先绘制场地设计，再添加植物布局。但是这只是技术层面的表达手段，而在设计层面的思维过程中，两者应该是同时进行的。不能仅仅把园林植物视为一种装饰性的材料，是场地设计的一种补充，它应该是整个设计的有机组成部分，承担了设计表达的每一个层面。

4.2 景观设计元素的表现

从设计表现的角度来看，对于图纸表达的要求可以分为几个层次，依次是图幅内容全面、表达美观、清晰地体现设计意图。这也应该是考生逐步努力的方向，不能只注重表现，而忽略了自己的设计思考和设计想法的表达；也不能为了着力表达某个局部的设计意图，而忽略了其他的图纸要求，造成了设计成果的不全面。

4.2.1 水体

人类自古以来就对水有着强烈的偏好，喜欢亲水、近水、戏水，与大自然亲密接触。水的状态又给人以不同的心理感受；静态的水给人以宁静、安详、轻松、温暖的感觉；动态的水给人以欢快、兴奋、激昂的感觉。城市景观因为增加了水元素的内容，不但可以活跃景观的气氛，还可以丰富景观的空间层次。“水体是城市景观设计元素中最具吸引力的一种，它极具可塑性，并有可静止、可活动、可发音、可以映射周边景物等特征。”

图 4-64 溪流

图 4-65 喷泉

1. 水体类型

按水体形态特征分类：

①点状水体：水池、泉眼、人工瀑布、喷泉（图 4-64）；

②线状水体：水道、溪流、人工溪（图 4-65）；

③面状水体：湖泊、池塘。

按水景设计手法分类：

①静水景观设计；

②流水景观设计；

③落水景观设计；

④喷水景观设计；

⑤亲水景观设计。

可以看到，从水体的形态特征和设计手法的角度出发，能够将水体划分为多种不同的类型，不同的水景类型能够给人以不同的感受。但是，无论是哪一种类型的水体，究其表现手法来说，目的都在于传达设计者所想要表达的情绪和思想。如何让观者感受到所谓的宁静或者欢快之感，是表现者需要着力思考的内容（图 4-66、图 4-67）。

图 4-66 前景的喷泉表现其动态，传达一种欢乐、激昂的氛围（邱蒙 绘）

图 4-67 左侧的跌水，通过表现水体的通透，一方面体现了跌水贴墙而落的效果，另一方面表现了下部水池中石块与水体的关系，均是设计意图的体现

2. 景观水体的设计表现

（1）平面表达

如前所述，平面图重在表现水体形状以及水体与周边环境的关系。景观规划中对水体最基本的要求就是设计出合理、优美的水系形状，以场地地形特征作为水体设计的依据，所谓的“因高堆山，就低凿水”；必要的时候标注出水面标高和周边场地的标高，以突显两者的相对关系。其次，要求水体走向带来的空间划分要与场地功能的划分相统一、协调，而不是割裂孤立。

① 岸线的处理

在总平面图上，大面积的水体往往是最抢镜的，观者对其评价的第一个依据就是水岸线形态的美观度，因此水体边缘轮廓形态的设计非常重要，要避免过长的、无变化的水岸线带给人的单调乏味之感。对于自然式水体来说，常见的形态有串形、肾形、云形。实际操作中，要对水面两岸做障、掩、透的处理，配以叠石矶台、花草树木、桥廊楼阁等来相互掩映，突出水岸线的曲折变化、虚实交错。

对于规则式水体，其平面形态设计与其他元素的构图相似，在比例、尺度方面要注意与周围环境的协调，在岸线形态上采用与周围元素相似、对位、虚实渗透等手法来处理，达到整体上的平衡（图 4-68）。

② 以水来划分场地空间

较大尺度的水体，对应着的是整个场地的空间划分，形成了不同的公共开放空间。每个开放空间同时获取了不同的水景类别，配以相应的建筑、山石、花木，形成不同的水景主题。形成了多样化的、不同风格的景观节点。而较小尺度的水体，则容易形成场地的视觉焦点。

对于不同尺度规模的水体，我们都要根据场地的实际情况设计观水、近水、亲水空间，或者是设计静水、动水景观（图 4-69）。

总的来看，平面图中的水体不适宜采用花哨的表现手法。对于小面积的水面，可以采用马克笔渐变技法、单色调平涂等方法；而对于大面积的水体，着重表现水岸线，并用深色压边即可。

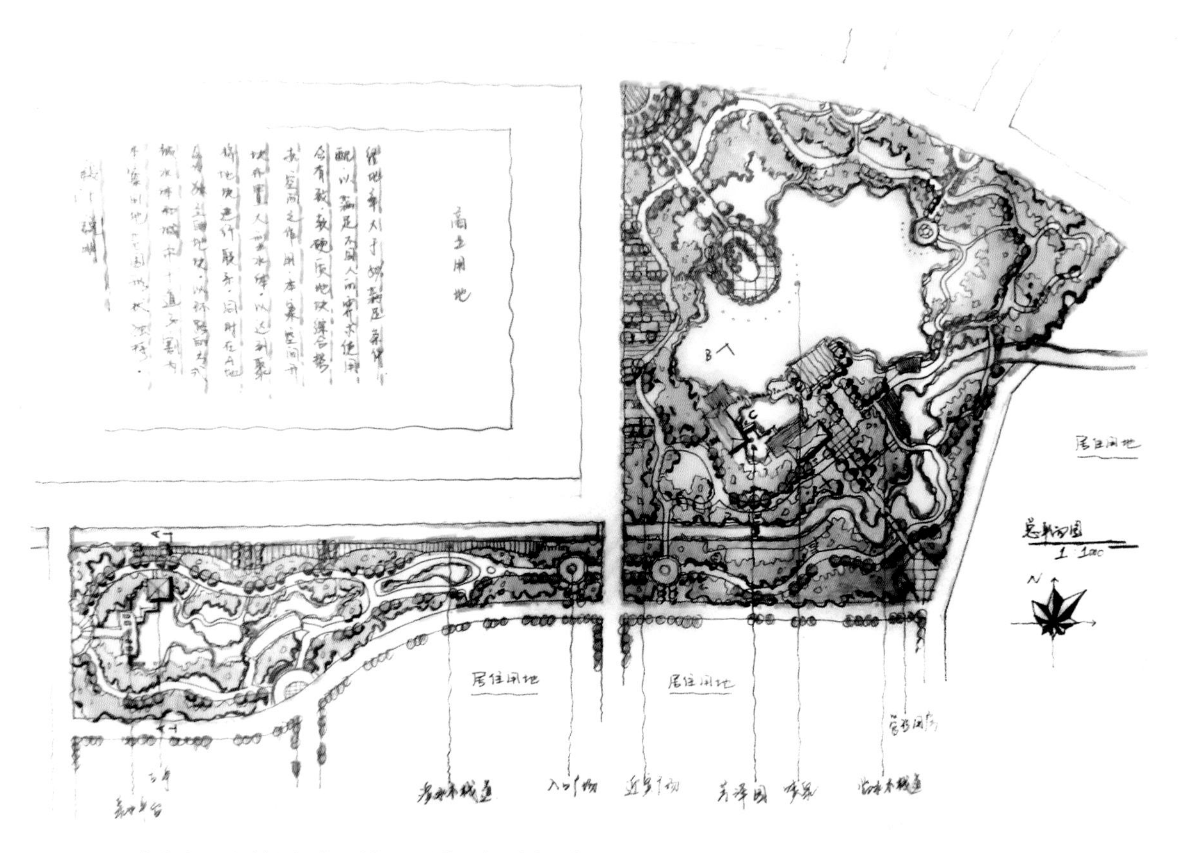

图 4-68 即使地形呈现出狭长型，也要避免出现连续无变化的水岸线。本方案中，除了基地需要保留的城市水道外，均对水岸线做了美化修饰处理，通过不同曲度、水面的不同开阔程度来体现水体的变化（邱蒙 绘）

4-69 水体形态紧密贴合场地走势，大水面与滨水广场形成滨水景观区，同时与岸场地呼应成为主轴线，塑造对景；左侧的水头与岸边建筑、植物，围合成较为密的空间；下侧的水尾部分，与周边植物共同形成一个半开放空间（邱蒙 绘）

对于不同尺度的场地来说，水面规模的把握也有所不同。在大面积园林中，水体以分为主，以聚为辅，这样可以避免大面积水体给人乏味单调的感觉；在中小园林中，水体主要以聚为主，以分为辅，这样可以在中小园林中创造出空间开阔、明朗的感觉。这些都是中国古典园林在不断发展之中摸索出来的造景经验，对于现代景观设计来说，仍然具有十分重要的指导意义。

以上从平面图的角度出发，主要讨论了水体的设计手法与设计准则，对于水体的表现方法，如图 4-70 ～图 4-72 所示。

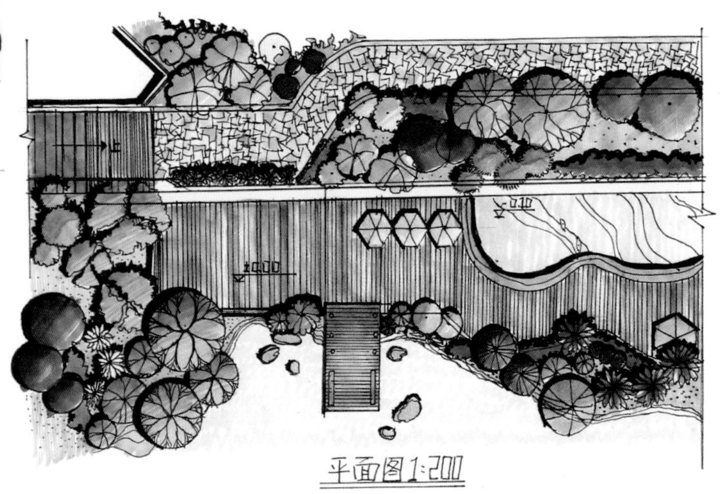

图 4-70 马克笔水体平面图表达，用渐变色展现了水体的通透感，色彩浓度的变化也体现了一种水面的光影特征（应丹丹 绘）

图 4-71 钢笔淡彩水体平面图表达，使用浅蓝色表示水体，一方面利用颜色来区分水体范围；另一方面，较淡的颜色也不至于过于“抢镜”，起到了聚拢周边环境的辅助作用（邱蒙 绘）

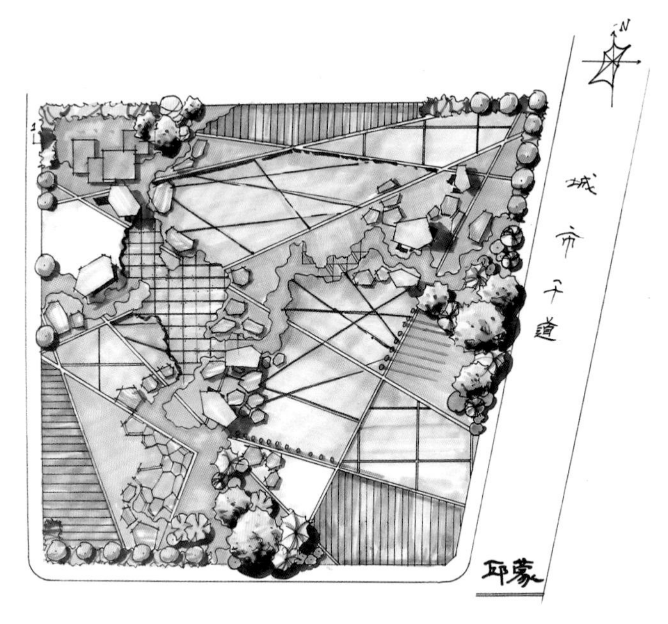

图 4–72 马克笔平涂水体平面图表达，使用淡蓝色平涂的方式表达水体。此技法简单，效果显著，但是不适合较大面积水体的绘制。一方面因为较大面积的单一色调，容易造成视觉疲劳，给人以赘余感；另一方面，在快题考试中，时间紧迫，不建议考生大面积涂满整个水体范围（邱蒙 绘）

（2）剖面表达

水体的剖面，其实主要表现的是驳岸的剖面。因为只有驳岸的剖面才能体现水体与陆地的关系、驳岸高程与水位高低的关系，能够有效地体现设计者的设计意图，具有十分重要的作用。剖面图也是快题考试中必考的一个考点。

园林工程中对驳岸的定义：建于水体边缘和陆地交界处，用工程措施加工而使其稳固，以免遭受各种自然因素和人为因素的破坏，保护风景园林中水体的设施。

根据园林驳岸岸线类型，可分为硬质岸线和软质岸线两类。对于大型水体和风浪大、水位变化大的水体，以及基本上是规则式布局的园林中的水体，常采用硬质岸线，用石料、砖或混凝土等砌筑整形岸壁。对于小型水体和大水体的小局部，以及自然式布局的园林中水位稳定的水体，常采用软质岸线。

水体剖面图的表现内容主要有：

① 岸线类型：通过剖面图表达水路交界处的特征，交代岸线类型，还能有效地体现水岸的工程处理手段。主要的岸线类型有软质岸线（亲水型、生态护坡型），硬质岸线（挡土墙、台阶）。

② 竖向关系：竖向关系包括两个方面的内容。其一，岸线高度与水位（常水位、枯水位、丰水位）的竖向关系；其二，水路交接处地形的起伏关系，以及近水岸线地形的起伏特征。在具体的剖面图表达中，需要对不同的高度进行标注，辅助说明竖向关系（图 4-73 ～图 4-80）。

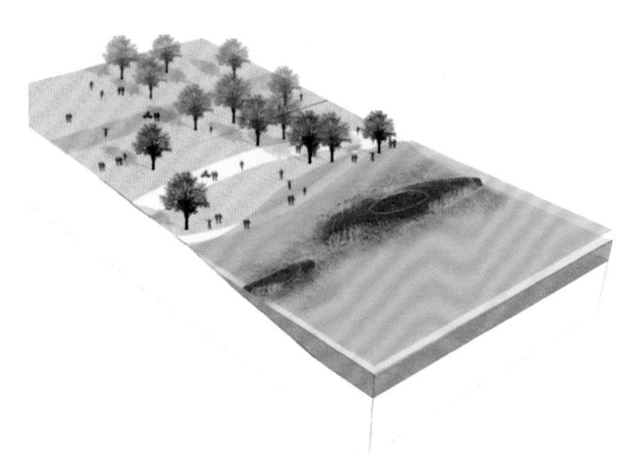

图 4–73 软质岸线透视图

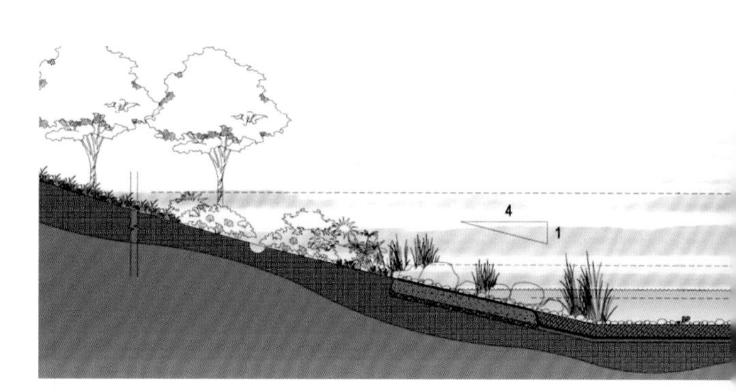

图 4–74 软质岸线剖面图

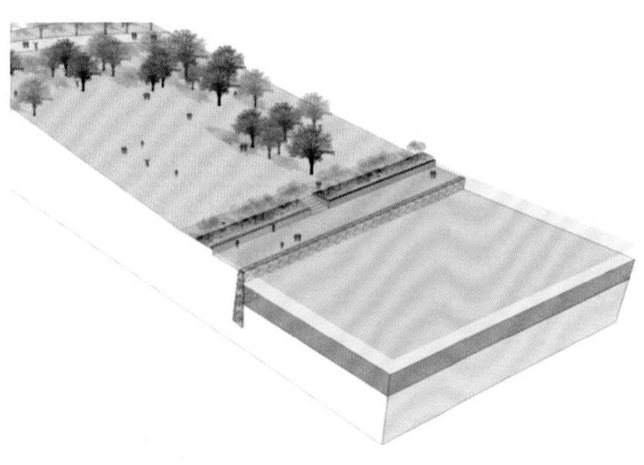

图 4–75 硬质岸线透视图（挡土墙）

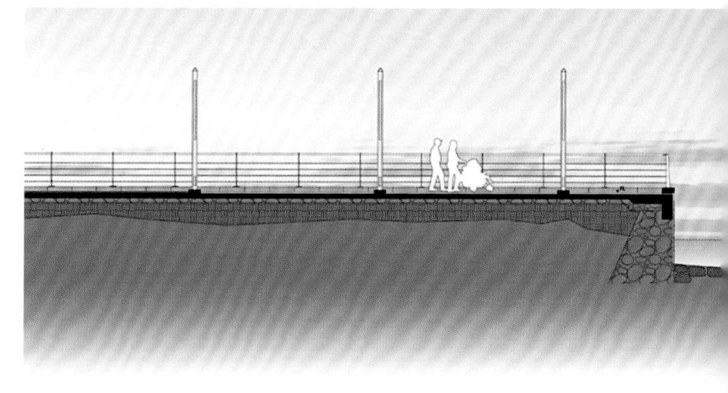

图 4–76 硬质岸线剖面图（挡土墙）

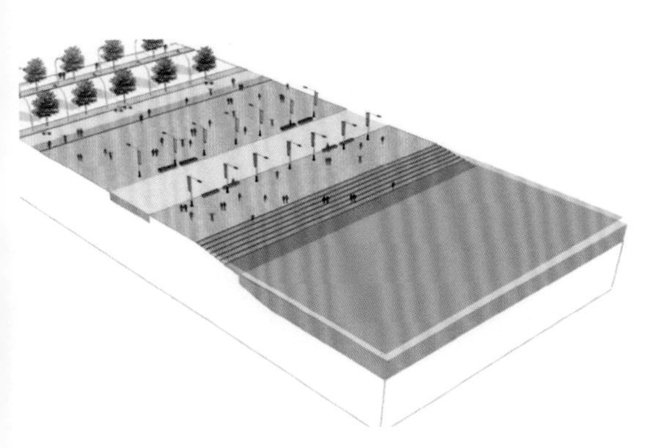
图 4–77 硬质岸线透视图（台阶）

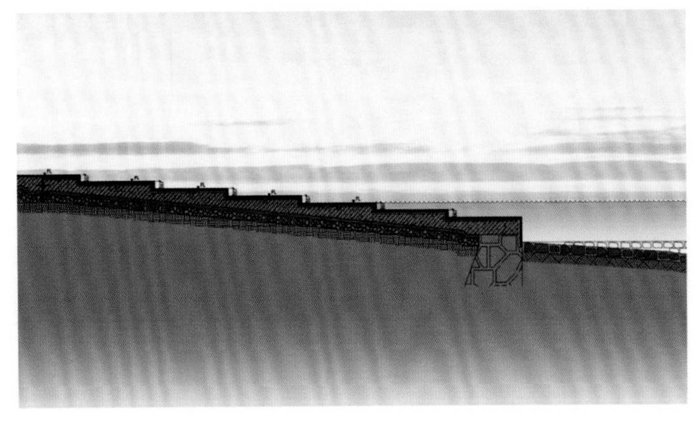
图 4–78 硬质岸线剖面图（台阶）

图 4–79 硬质软质化

图 4–80 硬质软质化

4.2.2 植物的表现方法

前文已经从空间布局的角度阐述了园林植物的设计手法，本章节的重点讲解快题设计中植物的表现手法。

在景观规划设计的范畴中，无论哪一种图纸类型，园林植物都占据了最为重要的地位。可以说，园林植物表现的水平高低，直接决定了整个图面的表达效果。因此，在进行快题规划设计练习之前，应该熟悉不同植物的手绘表达方式。实际操作中，需要了解的植物种类十分多样。

从植物类型来看，植物类型包括：

①乔木；

②灌木；

③草本（草坪植物、花卉）；

从图纸类型来看：

①平面图；

②剖（立）面图；

③透视图。

1. 树木单体

树木单体平面图表示方法：以树干的位置为圆心，以树木的冠幅为直径，绘制近似于圆形的平面树木。根据不同的表现手法，可以将树木平面表示划分为下列几种类型。

轮廓型：只需要用线条勾勒出树的轮廓，可以用单线，也可以双线；可粗可细，可以全部围合，也可以带有缺口。这是一种最简洁、最常用的表达方式，也是快题考试中考生使用最频繁的表现方法。

放射型：以放射状的构图方式来排列树叶，以树干为中心，树叶向四周发散。可以用单线来表示树叶，也可以用三角形或者是小扇形来表示树叶。

复合型：融合了不同的平面树木绘制手法，绘制较为复杂、绘制内容更为多样。此方法适宜于较少数量的树木，或者平时练习使用。从节约时间的角度看，此绘制方法不适宜于在快题考试中大范围采用（图 4-81、图 4-82）。

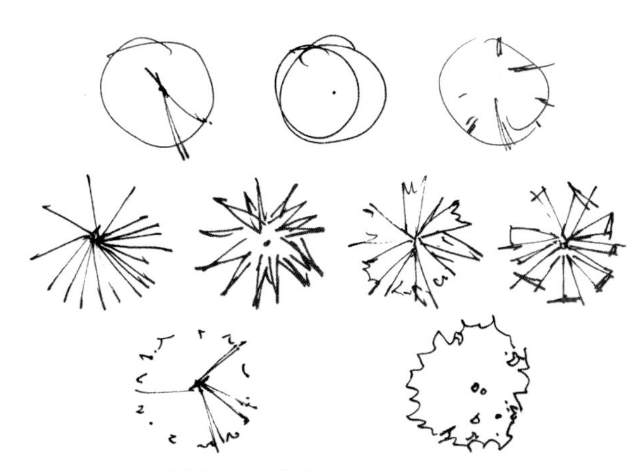
图 4–81 平面树单体线稿（邱蒙 绘）

从颜色的选择上看，每一个平面树不适宜超过三种颜色，个别需要着重表达的单体树木除外。作者常用的颜色包括，绿色系：Touch 品牌的 43、47、48、56、59 号等；Prismacolor 品牌的 25、27、187 号等；花色系：Touch 品牌的 7、35、84 号等；阴影：黑色。

从整体的色调美观度考虑，不适宜将全部的树木绘制成绿色，为了整个图面的活跃度，应该适当点缀其他颜色的树木，如红色、粉色、紫色、黄色等。但是，这样的花色树木也不适宜大面积使用，可以少量应用于某些关键的节点或者需要强调的地方。绘制完线稿、上完颜色之后，则是最后十分关键的一步——绘制阴影。

绘制阴影有两点需要注意：

（1）根据树木高度，决定阴影大小

阴影大小没有绝对标准，但是，整个场地上所有物体的投影范围，要根据平面图自身的比例相互协调统一。

（2）所有物体的投影方向一致

无论植物、建筑、水体，还是构筑物，只要能够产生阴影的地方，其方向必须是统一的。

2. 树木群体

树木单体考虑更多的是个体的美观程度，而树木群体考虑更多的则是相互间的空间关系，以及与周边环境的相对关系（图 4-83、图 4-84）。

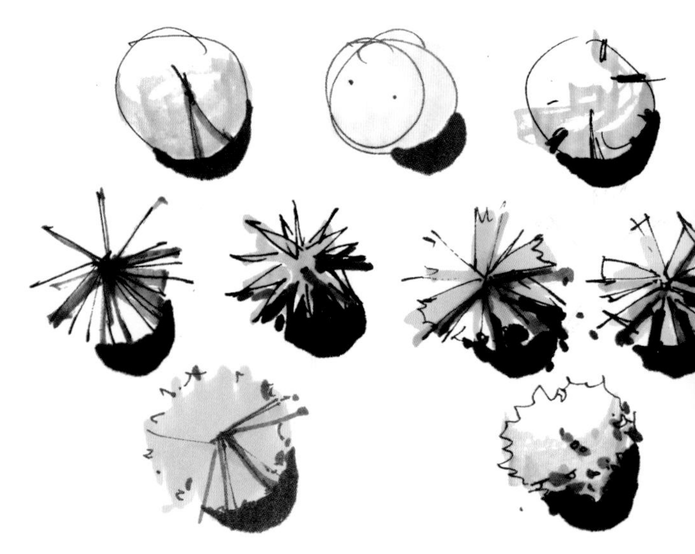

图 4-82 平面树单体彩平（邱蒙 绘）

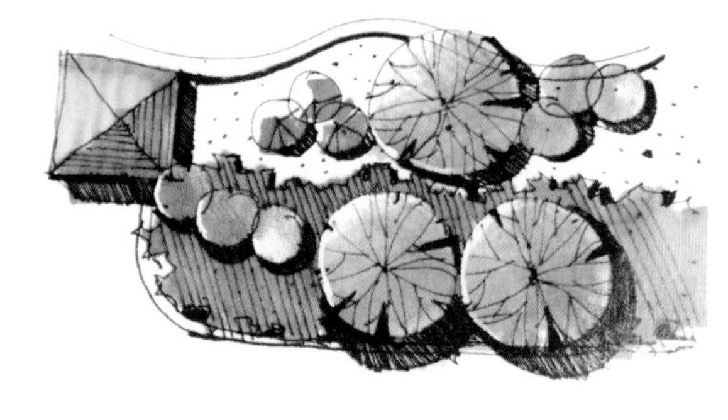

图 4-83 平面树群体线稿

图 4-84 平面树群体彩平

树木群体的绘制原则：

①避免将所有树木绘制在一条直线上，树与树之间的间距要有变化，角度也要有变化；

②避免将树绘制成同一个大小；

③适当穿插不同类型的平面树。

在快题考试中，单体的平面树常常用于点缀、强调某一个点的景观；树木群体常常用于着重表达某一个节点的设计。但是，树群的绘制往往比较耗时。树群的绘制方法也很多，最重要的是要遵循第三章所说的设计方法，只有严格遵守设计原理，才能获取合理的空间布局（图 4-85）。

平面图中，树群所占的比例是最大的，绘制美观合理的树群是影响图面效果的重要因素。图 4-86 中，应用抖动的单线围合而形成树群的范围，简单上色，以获取和单体树木、草地、铺装地面的区分，形成丰富的空间层次关系。

除了平面图，景观规划设计透视图中，植物一般也占据有较大的比重，透视图也是快题考试中必考的考点（图 4-87 ～图 4-89）。

但实际考试中，很少会单独考察植物的剖（立）面图的绘制，因此，此部分内容将会在后续章节中讲解。

图 4–85 场地设计 1（邱蒙 绘）

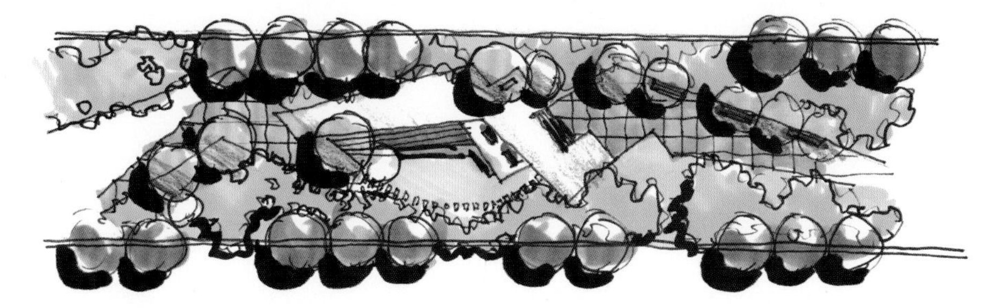

图 4–86 场地设计 2（邱蒙 绘）

图 4–87　景观透视图一（邱蒙 绘）

图 4–88 景观透视图二（邱蒙 绘）

图 4–89 景观透视图三（邱蒙 绘）

图 4-91 单独的元素缺少联系（左），独特的铺装作为普通背景统一了各单独的因素（右）

图 4-90 采用不同的铺装材料来表示室外空间的不同使用功能

4.2.3 铺装

铺装可能是快题考试中除了植被以外，面积最大的一种构景要素。这里所说的铺装是指任何硬质的自然的或者人工的铺地材料，与其他园林设计要素一样，铺装材料也具有许多实用功能和美学功能。

1. 铺装的作用

（1）提供高频率的使用

铺装材料最常用的功能是保护地面不直接受到破坏，提高地面使用寿命、增加使用频率。

（2）导游作用

当地面铺装材料铺成带状或者某种线形时，它就具有指明前进方向的作用。

（3）表示地面的用途

通过不同材料的选择、不同肌理的塑造、不同颜色的应用，凸显某一处铺装场地的使用功能（图 4-90）。

（4）背景和统一作用

在景观中，铺装地面可以作为其他引人注目的景物成为中性背景。在这一作用中，铺装地面被看作是一张空白的桌面或者一张白纸，能够为其他景物的安置提供基础。使用同一样式的铺装材料作为背景，能够将原本尺度、样式、风格各异的造景元素统一为一个整体（图 4-91）。

2. 地面铺装的设计原则

如同其他设计元素的应用一样，铺装材料的选择应该以确保整个设计统一为原则，材料的过多变化或者图案的繁琐复杂，易造成视觉的杂乱无章。但是在设计中，至少应该有一种铺装材料占主导地位，以便能与附属的材料在视觉上形成对比和变化。这个占据主导地位的铺装材料，还可以贯穿于整个设计的不同区域，以保证整个场地的统一性和多样性。

其他原则：

①当相邻两种铺装材料直接衔接，而无第三种材料作为过渡的时候，这两种铺装材料的形式和图案应该相互协调和统一；

图 4-92 公园设计（邱蒙 绘）

②除了考虑平面布置外，还应该考虑透视效果。比如，平行于视平线的铺装样式强调了铺装空间的宽度；垂直于视平线的铺装样式强调了铺装空间的深度。

3. 铺装样式的表达

具体到实际的快题表现中，分为两种情况，一种是总平面图之中的铺装样式表达；另一种是局部扩初设计的铺装样式表达。

（1）总平面图铺装样式表达

这是绝大多数快题考试都会涉及的考点，也是必考考点。针对总平面图中的铺装表现手法，有以下几点需要注意：

①绝大多数铺装区域不需要绘制细致的铺装纹样；

②主要通过不同的颜色来区分不同的铺装类型；

③大面积简化、小面积细化（图 4-92）。

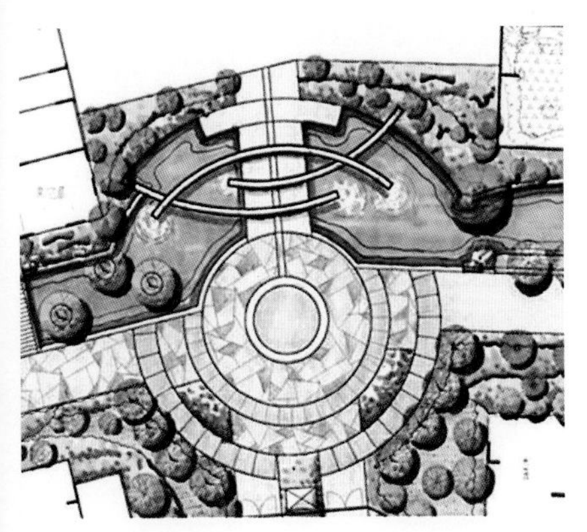

图 4—93 广场设计

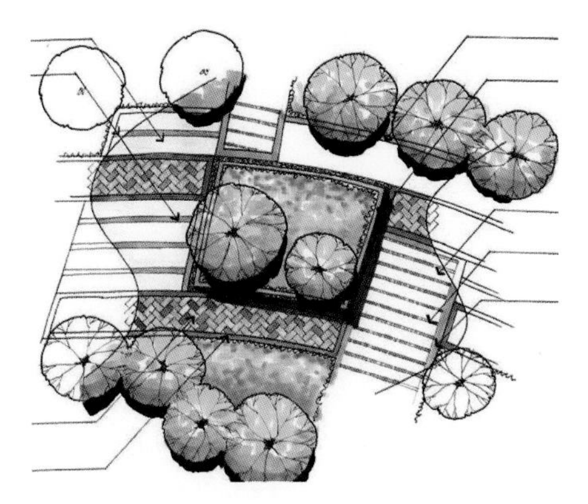

图 4—94 道路设计

（2）扩初设计铺装样式表达

一般设计项目的进程依次为：初步设计、扩初（即“扩充初步设计”）、施工图。 扩初是指在方案设计基础上的进一步设计，但设计深度还未达到施工图的要求，如图 4-93 中所示的广场设计，清晰而且细致地表现了广场铺装的纹样、颜色，以及其与其他铺装样式的衔接方式、与道路的衔接方式（图 4-94）。

4.2.4 景观建筑

中国传统园林造景四大要素：山、水、植物、建筑。这里所说的景观建筑并不同于传统意义的“建筑”，无论从体量还是从功能的角度来看，两者都有很大的区别。景观建筑附属于景观规划设计，是辅助展现景观设计思想、设计理念的构成要素。景观为主、景观建筑为辅。但是，在现代景观规划设计中，景观建筑仍然具有十分重要的地位。园林景观规划设计中，各类建筑与工程都是由设计师构思而成的，并且形成与特定时间、地点和功能相适应的最优解决方案。

优秀的景观建筑是对其场所的表达，它与场地相呼应，每个景观建筑都是其用途、场地关系及精神的表达。景观建筑除了某种实用功能外，在景观中还能作为围合元素、屏障元素、背景元素，起到主导景观、组织景观、充当景框或者强化空间特征的作用。

1. 景观建筑的分类

如果从使用功能的角度分类，可以将景观建筑分为以下几类：

（1）游憩性建筑

供游人休息、游赏用的建筑，它既有简单的使用功能，又有优美的建筑造型，如亭、廊、花架、榭、舫（图 4-95、图 4-96）。

（2）文化娱乐性建筑

供园林开展各种活动的建筑，如游船码头、游艺室、各类展厅等。

（3）服务性建筑

为游人在游览途中提供生活上服务的建筑，如各类型小卖部、茶室、餐厅、接待室等。

（4）园林建筑装饰小品

这是一类以装饰园林环境为主，注重外观形象的艺术效果，又兼有一定的使用功能的小型 设施，如圆椅、圆灯、景墙、栏杆等。

（5）园林管理建筑

供园林管理用的建筑物，如公园门卫室、管理用房等。

图 4—95 网师园月到风来亭

图 4—96 狮子林船舫

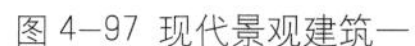

图 4-97 现代景观建筑一

图 4-98 现代景观建筑二

图 4-99 现代景观建筑三

2. 景观建筑设计原则

（1）力求与环境的有机结合

景观建筑物作为一种实用性和装饰性相结合的艺术品，不仅要有很高的审美价值，更要与周边环境相协调，使之成为一个系统化的整体。

（2）实现艺术与文化的结合

从艺术层面上来说，景观建筑设计是一门艺术的设计，因为艺术中的审美形式及设计语言一直贯穿于整个设计过程中。景观建筑设计的审美要素包括点、线、面，节奏韵律，对比协调，尺寸比例，体量关系，材料质感，以及色彩等（图 4-97 ～图 4-99）。

（3）满足人们的行为和心理需求

首先，景观建筑的设计目的是为了直接服务于人，人是环境的主体，人的习惯、行为、性格、爱好都决定了对空间的选择。其次，景观建筑的设计要了解人的生理尺度，并由此决定景观建筑的空间尺度。现代景观建筑物设计在满足人们实际需要的同时，追求以人为本的理念，并逐步形成人性化的设计导向，在造型、风格、体量、数量等因素上更加考虑人们的心理需求，使景观建筑物更加体贴、亲近和人性化，提高公众参与的热情。所以，景观建筑的设计必须“以人为本”。

（4）原始材料与新材料的使用

以创新的思维方式为基础，结合悠久的古典园林文化、地方特色、场地现状，创作出不同于以往的优秀景观建筑，避免其成为“千城一面”无序重复的一种“道具”。形式创新的同时应当积极进行材料、技术创新，当今景观建筑的材料、色彩呈现多样化的趋势，石材、木材、竹藤、金属、铸铁、塑胶、彩色混凝土等不同材料的广泛应用，给景观建筑带来了一片崭新的天空。

3. 景观建筑的表现

快题设计中，涉及到的景观建筑图纸类型包括平面图、剖（立）面图、透视图。

（1）平面图

一般是指总平面图，景观建筑的表现基础是景观建筑的尺度以及图纸比例要求，所表现形式往往比较简单，只需要体现景观建筑的大体轮廓即可。但是需要注意的是，景观建筑的尺度、与周边环境的关系、该节点的空间营造都体现了该景观建筑的特色（图 4-100）。

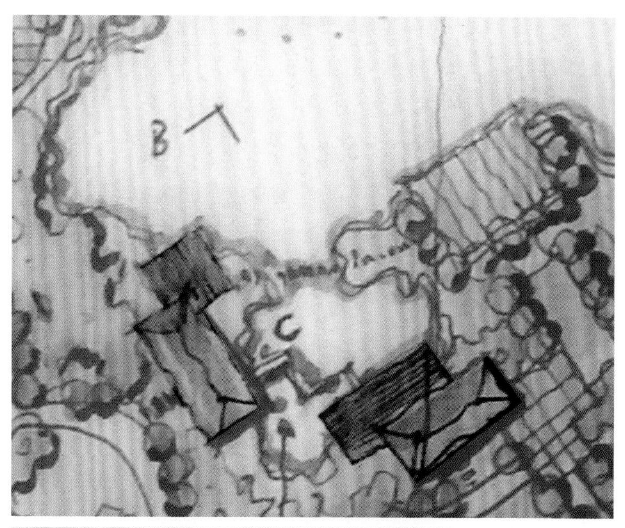

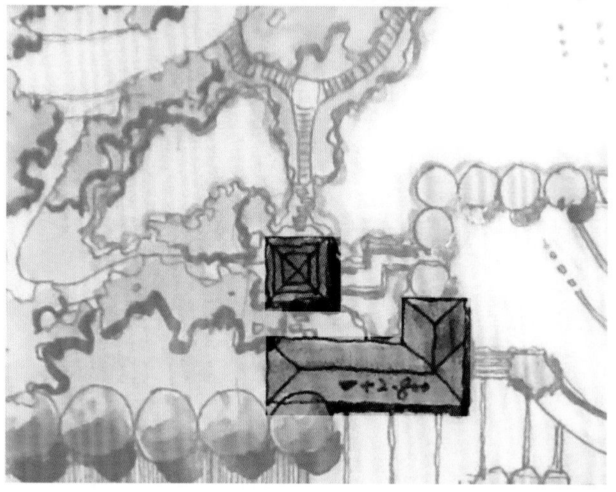

图 4-100 重在以简单图形交代景观建筑外轮廓、与周边环境的关系，不用展示景观建筑的过多细节（邱蒙 绘）

（2）剖（立）面图

剖立面图是对平面图的补充，是为了进一步展示平面图无法全面展示的细节、设计理念，以及其他需要传递给观者的信息（图 4-101、图 4-102）。

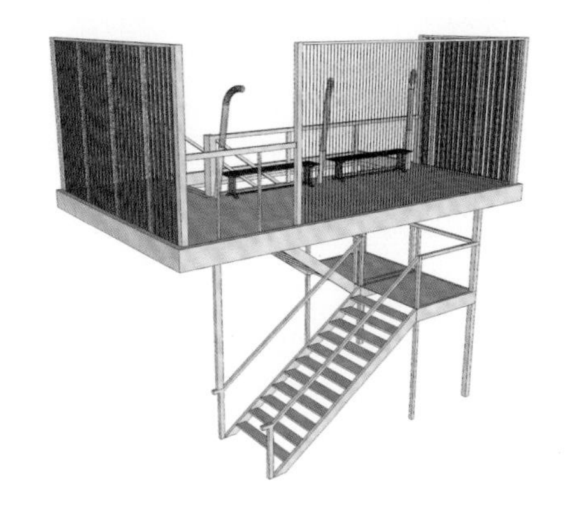
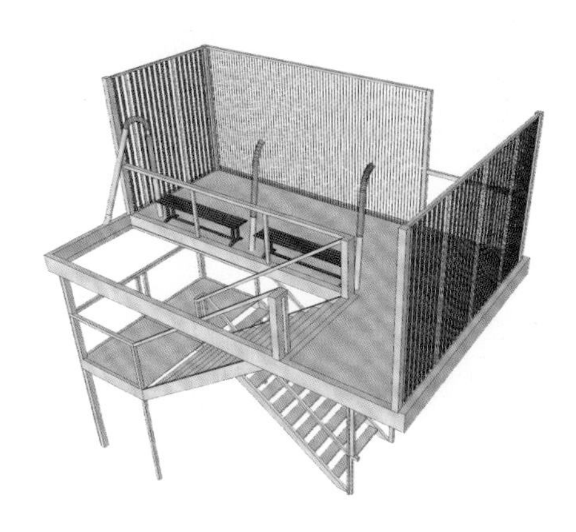

图 4-101 景观建筑的透视图，立面图（邱蒙 绘）

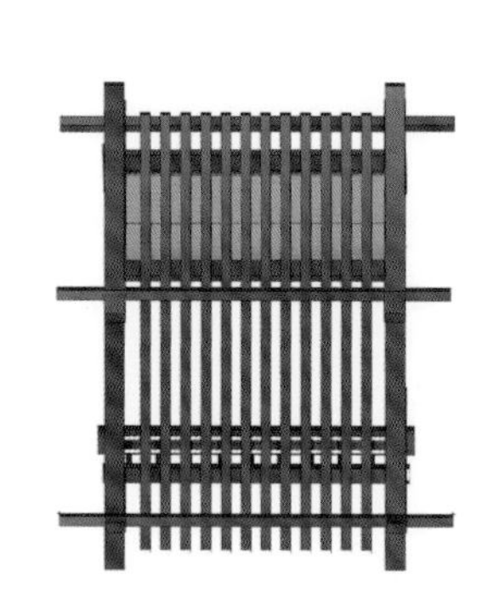

图 4-102 现代中式景观亭的透视图、顶视图，以及立面图（邱蒙 绘）

（3）透视图

相对于平面图和立面图来说，透视图应该说是考生较为头疼的一个方面。而景观建筑的绘制又要求考生必须掌握准确的透视原理，这也是徒手表现中的难点之一。为了解决这个问题，唯有勤加练习，提高自己的手绘能力和基本专业素养。

图 4-102 景观建筑中的木质亭透视表现（邱蒙 绘）

图 4-104 基址的安排将跟随中央山脊线排列

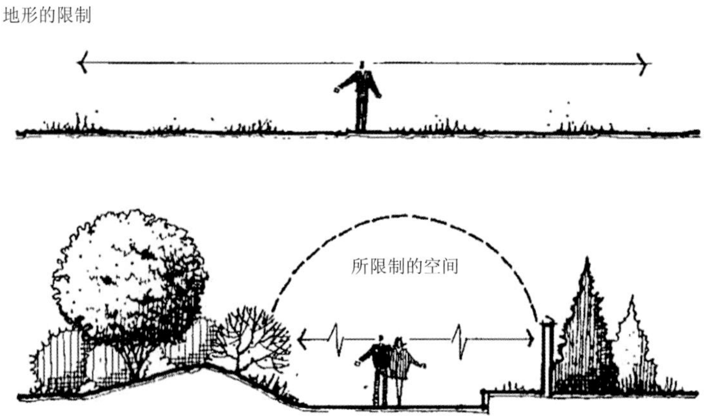

地形的限制

所限制的空间

图4-106 水平空间具有稳定、中性、平静、重心平衡的特点，但是空间和私密性的建立必须依靠地形的变化和其他因素的帮助

图 4-105 基址的布局应该安放在高点和多方向布置

图 4-107 下沉式景观设计

图 4-108 坡地地形景观设计

4.2.5 地形

1. 地形设计

“地形”是“地貌”的近义词，意思是地球表面三维空间的起伏变化。从地球的范围来看，地形包括如下复杂多样的类型，如山谷、高山、丘陵、草原，以及平原。从景观规划设计的角度来看，地形包括土丘、台地、斜坡、平地，或者因台阶和坡道所引起的水平面变化的地形。

因此，在快题考试中，动笔设计之前要对题目中的基地底图和文字涉及地形的信息进行充分的解读，做出正确的分析和解读（图 4-104、图 4-105），并且在头脑中能娴熟地在地形图和三维空间之间进行转换。园林设计要善于利用原地形，必要的时候进行适当调整、改造，但是尽量避免大的土方变化，做到土方就地平衡。有关地形的处理，往往也是考试的难点。

平坦的地形视野开阔，便于塑造大面积的开阔场地，有更高的使用便捷性，能够供人们集散和活动。起伏的地形容易形成多变的空间，影响场地的空间构成和空间感受，还会影响场地排水、土方平衡、植被栽植、景观组织、道路布设等。总的来说，实际的快题考试中，可以利用地形塑造独特的美学特征；限定外部空间范围和营造空间气氛；利用地形控制视线；利用地形导水、排水；利用地形的高差创造生动的景观效果等（图 4-106 ～图 4-109）。

图 4-109 根据地形设计运动场地

图 4-110 坡地景观设计

图 4-111 坡地道路系统设计

考试当中，对于地形处理的难点在于高差的衔接处理。最常见、最基本的处理方式是缓坡和台阶，以及挡土墙。前两者在于联系交通，后者起稳固作用，实际情况中，基于此的处理方式又是十分多样的。例如意大利台地园中的台阶、挡土墙与壁泉、龛洞、水剧场、水扶梯等的结合，活泼而且生动。在现代景观规划设计中，借助于新技术、新材料和新做法，挡土墙、台阶可以在满足功能、工程需求的前提下，形成更加多样和新颖的景观效果。

2. 地形表现

快题考试中，涉及地形表现的图纸类型主要有平面图和剖面图。

（1）平面图

最主要的途径有两种：等高线表示法和高程点表示法。

① 等高线表示法：等高线是最常用的地形平面图表达方式。在等高线的使用中，有一系列基本原则需要牢记。第一，原地形等高线应随手用短线（虚线）表示；第二，改造后的地形等高线在平面图上用实线表示。土地表面所出现的任何变动或改造都称之为“地形改造”；第三，所有等高线是各自闭合的，绝无尽头；第四，除了表示一座固有的桥梁或陡坎或者悬崖，等高线不会出现交叉（图 4-112）。

图 4–112 等高线表示改造后的地形（林俊 绘）

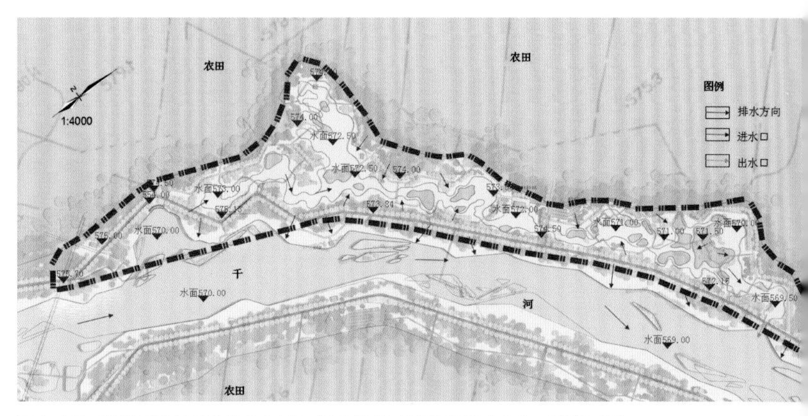

图 4–113 利用高程点标注场地标高，并且绘制了场地的排水方向（邱蒙 绘）

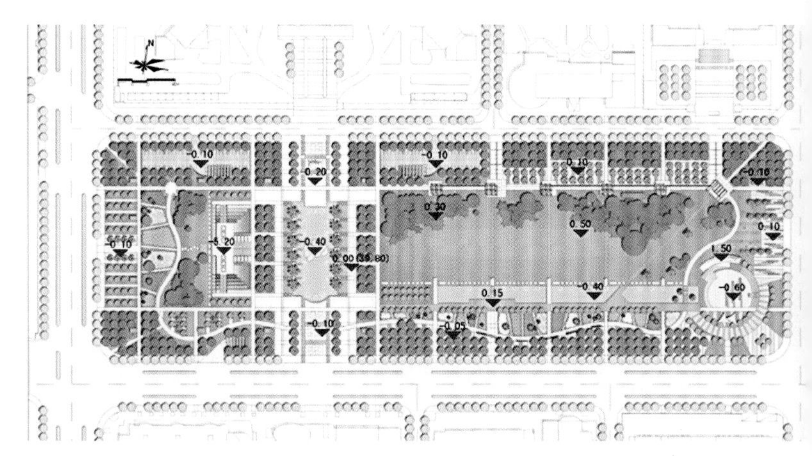

图 4–114 利用高程点标注某城市广场

② 高程点标注法：所谓高程点就是指高于或者低于水平参考平面的某单一特定点的高程。高程点在平面图上的标记通常是一个实心倒三角形“▼”，并同时配有相应的数值。确定了高程点，也就确定了高程点附近场地的坡度，因而可以知晓场地的排水方向。等高线的标注一般是整数，但是高程点的标注也可以是小数（图 4-113、图 4-114）。

（2）剖面图

剖面图是表示场地地形条件最直观的表达方式，可以清晰地反映设计者对于场地高差的处理，快题考试中的难点和考点也往往集中于此。而且，剖面图也能体现考生对于植物、建筑、水体、地形等剖面图的表达水平。因此，考生应该积极使用这种表达方式来展现自己的设计水平和处理难点的手法。

图 4-115、图 4-116 清晰地交代了水体、地形、景观建筑、植物之间的竖向关系，并且对水平方向的尺度以及竖向标高进行标注，体现了剖面图的严谨性和完整性。

应试技巧：剖切有明显地形特征的区域，体现自己对于场地高差的处理手段。

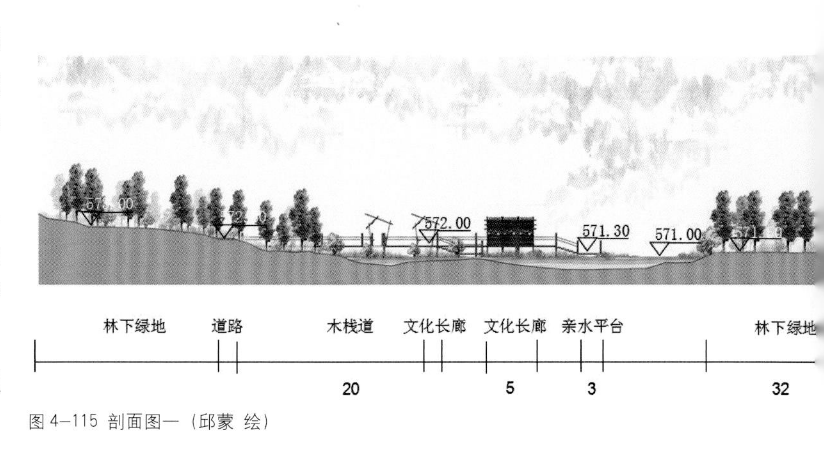

图 4–115 剖面图一（邱蒙 绘）

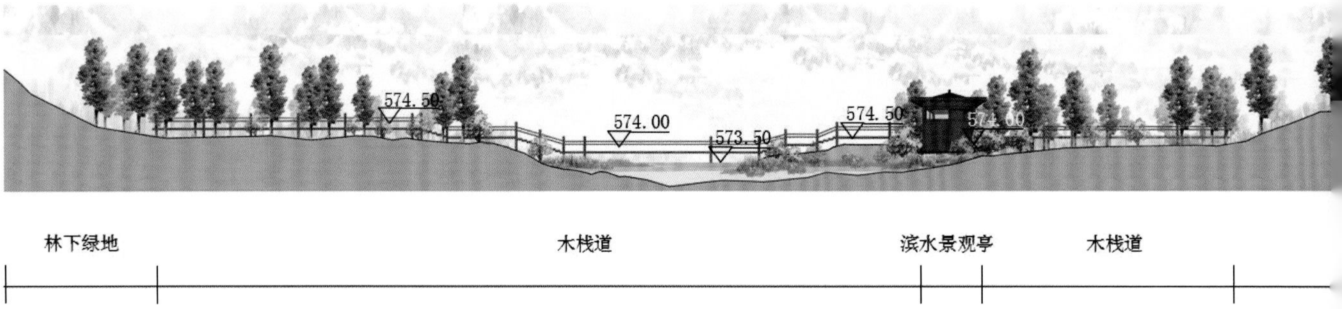

林下绿地　木栈道　滨水景观亭　木栈道

图 4–116 剖面图二（邱蒙 绘）

第5章　景观快题设计考试与求职案例分析

5.1 景观快题设计考试要点

5.1.1 景观快题设计考试简介

景观快题设计也称为风景园林快题设计，指在指定的时间内（一般院校考试规定时间为 3h 或者 6h），针对任务书指定场地和用地红线，按照要求对其进行快速设计与表现，从文字的要求到图形的表达及效果表现，徒手绘制出一套完整的景观设计图纸。其目的在于考察学生快速设计与表达的能力。

景观快题设计科目历年的考试时间有 6h 和 3h 之分，有些学校将该科目放在复试阶段，有些学校则在初试阶段就考查该科目，还有一些学校则是初试和复试时均有考查，如北京林业大学会考查园林规划设计和建筑设计两门设计课。设计院的招聘考试与研究生入学考试的要求比较相似，只是时间限制在 3 ~ 4h，并且在技术规范性上要求更高。鉴于设计院中往往会有规划、建筑等各种专业协同工作，因此要求考生对这些相关专业的基本常识也能够有所了解，如建筑密度、容积率、红线退让、消防通道、防火间距、管线埋设等。景观快题设计作为一种考核方式，被广泛应用于景观设计专业的职业注册资格考试、硕博士入学考试、单位选拔考试中。这种考核方式是对考生综合素质的考验，它不仅关系到应试者在短期内对于设计要求的理解，对于设计场地的规划与分析，对于周边地区的综合考虑，还涉及到考生快速思维和创造的能力和手绘表达的功底。随着社会对于设计类毕业生的要求不断提高，具备这种综合能力对于设计类学生来说尤为重要。因而，如何快速提升学生的快题设计能力，提高景观专业学生的就业竞争力，是当前园林设计类课程教学的重要问题（图 5-1、图 5-2）。

2003 年攻读硕士学位研究生入学考试

园林设计初步　　　试题

某校园景点拟补充完善以供学生休憩之用，其周围环境条件如下图所示。场地为直角三角形，两边长度分别为 30m 和 20m。场地中现已有一三角形平顶亭和一些乔灌木，具体内容详见测绘图（附图 1）。景点拟增设一块 20 ~ 30m² 硬质铺地以及进出景点的道路。设计者也可酌情增设小水景和景墙等内容。请按照所给条件以及设计和图纸要求完成该景点的设计。

一、设计要求

1. 图面表达正确，清晰，符合设计制图要求；
2. 各种园林景观要素或素材表现恰当；
3. 考虑园林功能与环境的要求，做到功能合理；
4. 种植设计应尽量利用现有植物，不宜做大的调整。

二、设计内容及图纸要求

1. 景点平面，比例 1 ： 100；
2. 立面与剖面各 1 个，立面比例 1 ： 100，剖面比例 1 ： 50；
3. 透视图或鸟瞰图 1 幅；
4. 不少于 200 字的简要文字说明；
5. 表现手法不拘；
6. 图纸大小为 A2。

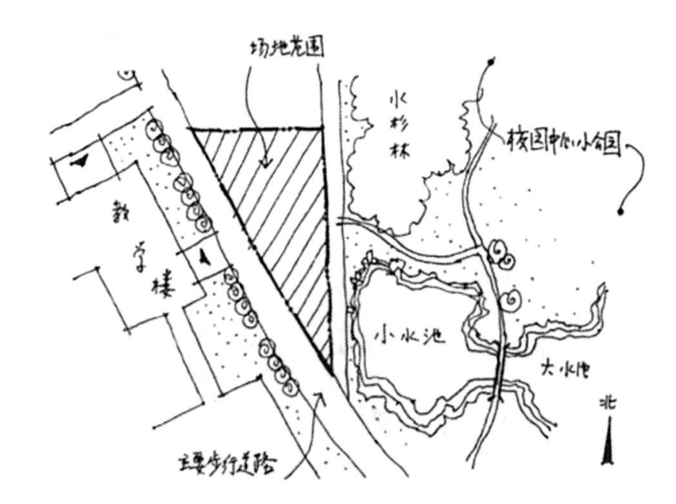

图 5–1 某大学研究生入学考试快题试题

试　题　纸

课程名称：501 园林设计　　　　第 1 页 共 4 页

注意：所有成果必须写在图纸上，不得写在试题纸上，否则无效。

城市开放空间设计(6 小时)

华中某旅游城市滨水区域，结合旧城改造工程拆出了一块约 4.2 万㎡的地块（附图 1 中的深色地块），拟规划建设成公共开敞空间，以重新焕发和提升滨水区活力，并满足城市居民的游憩、赏景及文化休闲等需求。

一、设计要求：

1. 场地是由胜利东路、湘西路、环城东路三条道路以及东湖围合的区域，总面积约 4.2 公顷（不含人行道）。场地详见附图 2。

2. 场地内西南角为保留的历史建筑（主楼 4 层、附楼 2 层），属文物保护单位，现用作城市博物馆，建筑呈院落围合，墙面为清水砖墙，屋顶为深灰色坡顶。设计时既要满足建筑保护的要求，又应纳入作为该开放空间的重要人文景观。

3. 场地西北角有几棵古银杏，临东湖边有一片水杉林，设计时应予以保留并加以利用。

4. 该开放空间应兼具广场与公园的功能，为保证中心区的绿视率，设计时要求绿化用地不少于 60%。

5. 场地内高差较大，应科学处理场地内外的高程关系，出于造景和交通组织的需求，允许对场地内地形进行必要的改造；合理组织场地内外的交通关系，并考虑无障碍设计。

6. 考虑到场地周边公共建筑及卫生服务设施的缺乏，场地内须布置 120m² 厕所一座，其他建筑、构筑物或小品可自行安排。

7. 考虑静态交通需求，整个场地的停车结合博物馆的停车需求一起布置，总共规划 12 个小车泊位。

试　题　纸

课程名称：501 园林设计　　　　第 2 页 共 4 页

注意：所有成果必须写在图纸上，不得写在试题纸上，否则无效。

二、成果要求：

根据设计任务，按规范要求自定设计成果（内容、数量、比例均自定）。

但所有成果要求布置在 900cm × 600cm 图幅的纸张上（拷贝纸除外，图纸张数自定），表现方式为除铅笔素描外的任何表现手法。

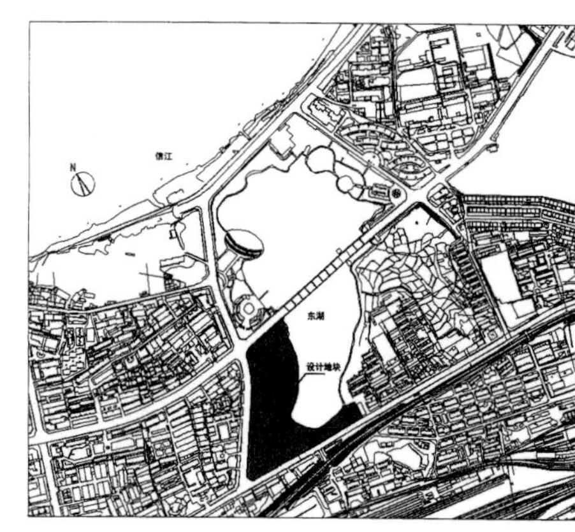

附图 1　地块总体区位图

试　题　纸

课程名称：501 园林设计　　　　第 3 页 共

注意：所有成果必须写在图纸上，不得写在试题纸上，

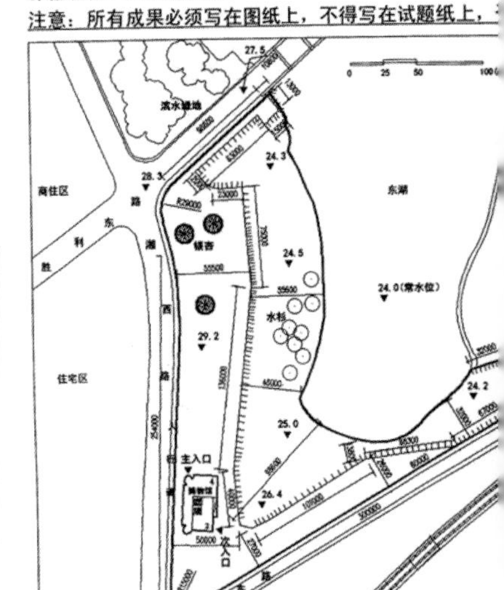

附图 2　场地详细标注图

图 5-2 某大学研究生入学考试快题试题

从目前大多数园林院校的研究生入学考试来看，快题考试主要包括园林规划设计（在具体名称上各个学校有所差异，如园林设计初步、园林规划设计、景观规划与设计）和园林建筑设计两个科目，园林规划设计是必考科目。本书主要针对园林规划设计，不包括园林建筑设计。

园林规划设计科目历年的考试时间有 3h 和之分。从命题的类型来看，快题设计考试几乎涉及全部绿地类型，包括公园绿地、附属绿地、防护绿地、生产绿地和其他绿地等。但通常集中在公园绿地和附属绿地中，相同类型的绿地往往具有一致性的特点，可遵循或参照一般规律与原则，因此本节针对各类常考绿地类型做一些简要分析（图 5-3、图 5-4）。

图 5-3 休息区休息椅的设计与表现（张蕊 绘）

5.1.2 景观快题设计考试特点

景观快题设计考试要求设计者思维敏捷、创造力强、善于分配时间、善于草图表达，以考试的形式展开使这种快题设计有了更多的限制因素，因此强度更高，要求设计者在紧张的状态和有限的时间里仍能保持清醒的思路。根据历年的景观快题考试，我们发现其特点主要有以下三方面：

1. 时间紧张，工作强度较高

景观快题考试一般为 3h 或 6h，要提交一套较为完整的设计方案，往往包括总平面图、主要立面或剖面图、重要节点详细设计图、鸟瞰图或重要节点透视图，以及

图 5-4 滨水景观廊架设计表现（张蕊 绘）

分析图和文字说明，并且要求在一张 A1 图纸或者 2 张 A2 图纸上完成。

2. 独立手绘完成

景观快题设计作为一种考试形式呈现，与平时的设计作业和练习不同，考试中不允许携带任何参考资料，也不能与他人交流探讨，更不能借助电脑工具辅助设计表达，而是要求独立手绘完成。设计考试不需要死记硬背，考生的发挥完全源于平时的素材积累和临场应变能力。很多同学在平时的练习中借鉴相关资料，处于一种放松的环境中，也能够很好地完成设计任务，但一旦上了考场之后却发现无所适从，脑子里一片空白，有时候东拼西凑几个景观节点，但却不连贯，因此往往不能获得理想的成绩。所以在平时的练习中就需要重视这种独立手绘的能力，就算是参考资料，也要明白设计者的设计意图，从而更好地运用到自己的设计中，积累属于自己的素材，真正地提高快速设计的能力。

3. 工具自备

通常景观快题考试要求考生自备绘图工具甚至图纸。考试中由于空间、时间有限，工具的合理摆放能够节约时间，避免焦躁。

5.1.3 景观快题设计考试注意事项与常见问题

1. 注意事项

快题设计成果最终反映应试者的综合专业素养，包括设计能力和表现技能两个方面。一般来说，一个优秀的快速设计成果，首先应满足设计的基本要求，包括：

①符合设计的内容要求与设计深度要求；

②思路清晰，重点明确，目标定位准确；

③重视设计与场地特征的融合；

④功能布局与空间结构合理；

⑤形式塑造恰当；

⑥与周围环境相呼应；

⑦方案表现准确清晰；

⑧符合设计规范的基本要求；

就快题设计的特点而言，在以上的基本要求中，需要特别强调的是：

⑨目标明确：必须在短时间内清晰、准确理解设计要求，把握重点内容；

⑩方案完整：使设计方案形成一个完整的功能、形式、空间的系统，避免随意拼凑方案；

⑪手绘表现效果突出：良好的手绘效果是设计方案质量的重要保证（图 5-5、图 5-6）。

2. 常见问题

在快题设计中，因为时间紧迫、氛围紧张，所以考生们时常会出现以下问题：

图 5-5 鸟瞰水景景观表现

图 5-6 圆形休息椅的设计与表现

（1）忽视审题，抓题就画

快题设计都有时间限制，很多应试者担心时间不够，拿到题目后随便浏览一下，就匆忙开始作图，由此导致跑题、偏题或者遗漏考点等原则性错误。因此，拿到题目后应该认真读题和审题，明确设计的内容与要点，并对整个快速设计的过程步骤有大体安排，做到心里有数。

（2）定性不准，偏离方向

在准备快题设计考试时，很多同学容易忽略对用地性质的理解与把握，对项目的用地性质定位不准，如明明是绿地，反而做成广场，只关注硬质场地的形态和构成，忽视植物等软质景观，忽视绿色环境的营造，忽视空间系统的塑造。

（3）只重表现，不重设计

快题设计是对应试者设计思维和设计素养的考察，而不只是对表现技法的检测。表现手法只是设计思维的反映，不是快题设计考察的核心。很多应试者只注重表现技法的训练，忽视设计素养的培养、提高，实在是舍本逐末。

（4）缺乏全局意识，因小失大

在实际应试中，有很多考生或陷入某一局部的细部设计中，或拘泥于图面表现，从而导致在某个细部浪费过多时间，而失去对整个设计的总体把握，最终无法全面完成整个设计任务。因此，在快题设计过程中应该时刻保持清醒的头脑，按部就班，分清主次。快题设计不同于课程设计，不必面面俱到，其重点在于方案的构思，要抓住设计的主要矛盾。因此，在满足功能要求的前提下，要理顺布局与结构，在设计深度上有主有次，对重要节点深入推敲，非重点部分不必强求完美。在有限的时间内，设计者要把主要的精力集中于设计的主要方面，切忌陷入繁多的细部考虑。

（5）生搬硬套，堆砌模板

盲目地准备方案模式、套路，胡乱的堆砌是快题设计中的常见问题。有些同学用简单的套用方案的方式完成快题设计，导致设计方案无法与设计要求和场地环境特征相切合。准备一定的模式并没有错，这也是学习、归纳和总结的过程。然而，过分拘泥于此，会造成设计思维的狭隘，无法很好地应对复杂多变的设计任务和现状问题。加上设计时间有限，很多考生不分析现状，不顾及整体布局，胡拼乱凑之前死记硬背的模板、模式或局部节点，往往造成方案呆板，整体性差等问题。每一个方案都是针对具体的现实情况和要求，精心设计而来，并不一定适合其他情况，方案设计时要具体情况具体分析。囫囵吞枣地背方案、胡拼乱凑地拼方案，必然导致方案设计质量低下。

（6）缺乏时间计划，缺图赶图

合理安排快速设计中各个步骤的时间非常重要，切忌缺图。不少同学由于准备快题设计经验不足，没有时间计划，时间往往不够用，匆匆赶图而导致图面质量下降，十分可惜。在平时的练习时，应注意总结出适合自己的快题设计步骤和时间分配模式（图 5-7）。

图 5-7 一点透视景观设计与表现（王成虎、李国涛 绘）

5.1.4 景观快题设计考试技巧

1. 第一步：审题

对题意的理解是展开快题设计的第一步，也是决定设计方向的关键性一步。理解对了，就可以把设计思路引向正确的方向，理解偏了，则导致设计思路步入歧途。总的来说，审题主要分为读题与解题两个阶段。

读题是基础资料搜集与整理的过程。在快题设计中要迅速地获取任务书和图纸信息，抓住关键词，把握题目中的“明确要求”。

解题是分析把握需要解决的问题，理解题目中考点或重点的过程。这一过程主要是考验设计者的反应能力、理解能力，需要快速读懂题目中的“引导性要求”，从而明确需要解决哪些问题，设想解决的方式或途径，为下一步的分析打下基础。

在进行文字工作的同时，读懂图纸是另一个重要方面。有些信息并没有在文字中反映，如地形地貌、建筑位置、保留物、道路走向、用地范围等信息。

尤其需要注意的是：任何一个已经存在的场地，必然存在着自我特征，有其自身的结构和方向，需要理解和把握。在设计中，是强调现存的个性，还是改变它，以及改变的程度如何，这都是审题时要考虑的问题。

要点：

（1）充分掌握和理解设计条件及含义，抓住关键词

设计条件主要包括：区位及用地范围，周边环境和交通条件，基地现有条件和资源，气候条件，文化特征，设计要求等。

（2）仔细阅读，明确并把握各项设计要求

清晰把握题目中“明确的要求”，如规定完成的图纸任务、图纸规范等。设计要求是命题人测试应试者的主要依据，也是评图的依据，设计要求一般都是具体、明确的，这里主要是指成果要求。设计者应仔细阅读，避免因粗心大意，未认真读题，导致设计过程与内容带有明显的盲目性，致使设计成果与题目要求产生偏差，出现重大失误。

（3）理解题目的“引导性要求”，归纳、整理需要解决的具体问题

每一套题目都有其考核的重点，命题人都有明确的目的，有待设计者认识并把握。为了充分体现设计者的能力，有些要求比较宽泛，仅仅是一些引导性的要求，以期得到多样化的解决途径。题目中的“引导性要求”常是考试的重点，读懂非常重要。这些要求是通过表述场地的一些状态和问题，或对未来发展的希望而提出的（图 5-8）。

2. 第二步：现状分析

通过审题需要对已知的各现状条件进行综合分析，其目的是为下一步开展设计提供依据。分析过程考验的是设计者专业知识的积累程度、洞察力和对问题的判断与思考能力等。应注意的是：该过程中，思维得急速运转，不能耗费过多时间进行分析，因此在平时的训练中需要注意培养自己的分析能力。

图 5-8 步行道入口表现

图 5-9 景墙设计与表现（李国涛 绘）

要点：

（1）分析内容合理

对于一个设计题目，现状条件可能多样而复杂，大到区域特征，小到一石一树，无不是应该考虑的现状因素。这是个提炼去繁的过程，它使场地的主要特征与问题能够通过图示化的语汇反映出来，并在脑海中留下深刻的印象，从而使设计者能够清晰地把握现状条件。

（2）分析步骤清晰

面对大量的已知信息，需要遵循一定的步骤，按照一个清晰的逻辑思路展开分析。条件越复杂，逻辑性越重要。例如，可以先从场地大环境入手：分析当地气候、光照、风向、水文、区域自然地理特征、地域文化等客观因素；再从场地外环境入手：包括场地边界、外部交通、周边地块的用地性质、功能与设施、有无借景等，以及种种不利因素，如噪音等的干扰；最后分析场地内部环境：包括现状地形、水体、现有植被、保留建筑、现有道路、视野和风景等的分析。

（3）特征把握准确

每一个场地都有自身固有的特征或属性，设计者必须准确地把握这一特点。这种特征是指场地本身区别于其他地块的特点，也许是环境赋予的，也许是由内部某个要素的特征形成的。设计者要注意这些特征对设计产生的影响，如现状中出现水体且面积较大，则需要考虑如何加以改造或利用，对于水体及滨水环境的处理方式可能成为设计的重点内容。要认真思考水体与场地间的关系，是保留不变还是加强或减弱水体。同样的，对现状地形、建筑、植物等个体因素，如果对场地影响较大或已经形成了某些特征，都应注意。它们提示了设计者需要考虑的问题，对设计的发展趋势也具有引导作用（图 5-9）。

3. 第三步：设计构思与布局

进行了现状分析之后，并不意味着马上就要进入具体形式塑造阶段，而是需要在理解、分析的基础上进行构思与布局。在设计的初始阶段，构思的主要内容是确定设计的总意图，明确设计的目标与方向。布局是根据场地的性质和规模，对各方面设计内容（如功能、空间、景观等等）进行分类，进行系统化的组织与安排的过程，同时还要协调各方面内容之间的相互关系。

要点：

（1）目标明确、构思新颖

在对整个设计要求有一定把握之后，首先必须要完成的工作就是认真思考，确定明确的设计目标和方向。设计目标是方案发展的基础，决定设计的内容与特征。所谓“意在笔先”，就是要在动手设计之前，运用专业知识，充分发挥想象力，为设计提出一个切实可行、清晰明确、独具创新的发展方向。

目标可以从几个层面界定，意识方向性，如是以文化为核心，还是以生态为重点；是要创造一个极具个性化的花园，还是一个满足大众需求的休闲场所；是突出开阔的水景，还是强调大面积葱郁的林地等。

（2）内容合理、层次分明

有了明确的设计目标和对项目特征的把握之后，就可以进一步思考采取哪些措施来达到这一目标和实现这一特征。设计者需要考虑：在场地内组织哪些活动，安排什么设施，设置怎样的场地，哪些活动是主要的，哪些是辅助性的。对于景观的组织同样如此，需要确定总体的景观特征。

（3）结构清晰，重点突出

要注意有逻辑，有整体。设计的逻辑性尤为重要，需要有主次、有强弱、有重点。从构思到布局，整个思维过程是同步、交织的，具有很强的逻辑性。在解决设计问题时应抓住主要问题，突出主要目的，不要一味地停留在细枝末节上，陷入局部而失掉整体把握；在进行布局时应做到有主体、有中心、有重心、有重点，切忌因求好求多而过多地堆砌内容，因强调多样而破坏整体效果，最终导致结构破碎、不完整（图 5-10）。

（4）形式和谐、变化多样

形式的和谐统一是成功的基础。这里主要指多样统一的构图原则。任何造型形式都是由不同的局部组成的，这些部分之间既有区别又有内在联系，只有将这些部分按一定规律有机地组合成为一个整体，才能达到较为理想的效果。设计者需要创造既有秩序，又有变化的场所，即所谓多样统一。设计过程中场所的形式首先应和谐统一，在统一的基础上寻求变化的可能。

（5）尺度合宜、节奏分明

一个完整的场地应满足功能与形式的统一，场地的形式要符合功能要求。对于设计中一个具体的单元，其尺度不仅要符合自身功能与特征的需要，同时还要考虑对整个方案的影响。场所内的每一个单元都应该符合整个区域的节奏变化。节奏是一种变化的手段，是指有规律的连续变化或重复的过程，它强调规律性，具有很强的整体性。这里主要是强调在布局时要注意对疏密、强弱的处理，可能不是平面上引人注目的变化，而是一种平和、稳定的序列感。无论是形式结构、空间序列，还是功能组织，景观布局都需要有节奏地安排和组织。

图 5-10 休息区景观表现（李国涛 绘）

图 5-11 叠水景观表现

图 5-12 街景景观表现

（6）综合表述、同步思维

分项思考的目的是为了清理思路，避免混乱，但最终要使诸单项合为一体，完成一个内容多样的总平面图。设计思路不能单向直行，而是需要从多方面、多角度交错出发、螺旋发展。在构思阶段不仅要考虑立意新颖，还要综合现状分析、功能需求等各方面的内容，统筹安排，将各方面整合于一体（图 5-11）。

4. 第四步：深化设计

在深化设计时，设计者能够熟练应用平时积累和训练的成果，在有限的时间内表达更为深入细致的创意与设想，是快题设计的基本目标。一个方案从构思到完成，需要耗费大量的时间和精力，对于一些细节，或者一些需要细致表现的节点，如一个滨水活动区、一个码头、一个茶室、一个有趣的活动场地、甚至是广场的铺装纹样，如果全部都在应试时现场设计，对于大部分人是非常困难的。因此，应注重平时积累，不断丰富设计“语汇”，才能在快题设计时应用自如。

（1）注重整体效果

单有丰富的“语汇”或者说“成语”的积累还不够，因为，成语谁都可以用，终有应用好坏之别，每一个成语都需要特定的语境。若要恰当地应用这些“语汇”，需要反复训练，把握应用的途经与规律，切合题意要求，才能最终形成一个完整统一的设计方案。设计者所应用的每一个“语汇”都具有自身的个性特征，它们构成了设计场所内的点、线和面。

（2）张弛有度，事半功倍

设计者要善于应用水面与草坪，它们是调节整个区域范围内节奏变化，使方案布局张弛有度的重要手段。草坪与水面的位置与尺度非常重要，对于整个场所布局的影响巨大，在应用过程中要细致考量。

（3）控制适当的设计深度

不同比例的图纸图面表达的深度不同，各种风景园林要素的表现方式也不同。在平时练习时要注意熟悉常用比例的平面图绘制深度。如同一个广场，在1 ∶ 1000、1 ∶ 500或1 ∶ 250的图面上细节表达有所不同。

（4）注意尺度和比例

尺度可以从两个方面把握。一个方面是绝对尺度，是指各种实体的实际大小。设计者首先需要掌握各风景园林要素与设施的常规尺度，以及其变化的可能性。另一方面是相对尺度，是指各要素及实体之间的比例关系，与实体的结构要求及审美相关。功能、审美和环境特点决定实体要素的尺度。

（5）恰当配置各类设施

每一种类型的绿地都有不同的设施要求，设计者需要掌握相关的规范要求，使绿地的功能符合其自身的属性。设施的位置、尺度也应恰如其分，与绿地的特点相适应，并便于展开相应的活动（图 5-12）。

5.1.5 景观快题设计考试的评判标准

快题考试与平时的方案练习差别还是比较大的，笔者认为快题考试的成功之道可以概括为“过程顺畅，成果稳健”。设计没有唯一解，在不同阶段会面临多种选择，需要对其比较并定夺。平时的设计过程中思维的暂停和跑题是允许的，也是正常的，甚至对于转换思路是有利的。但是在紧张的考试气氛中，由于时间紧迫，任务繁重，不允许思维长时间停滞和空转，不允许在各种选择中周详地比较，必须尽快决策、往下推进，这样就没有太多时间花在对方案的仔细推敲和反复对比上。

景观快题考试的评判一般来说，首先由阅卷老师对试卷进行分档，如将最好的、最差的和中等的分开，再根据试卷的具体情况精确打分。之所以采用这种方式，是因为与其他理论考试不同，设计题没有明确的参考答案，有优劣之分却鲜有对错之别，快速完成的方案更是如此。好的快速表现图要满足以下几个方面的要求：

图 5-13 亲水平台表现

①成果完整。任务书中要求的图纸一定不能缺，构思再好没有表达出来也是徒劳。

②没有明显的硬伤。比如表现上，指北针和比例尺错误，元素尺度明显错误等；设计上，老年人活动场所没有无障碍设施，场地出入口位置不妥，人车流线相互冲突、中心场地安排不当，对环境的错误理解，忽视场地的限制条件。

③亮点突出。比如表现上，总平面图和透视图要准确美观。由于大部分考生在画透视图和鸟瞰图时容易出现变形、尺度不当，因此可信的透视图、鸟瞰图表达至关重要。

④整体效果好。设计、表现要通过整个版式呈现。版面布局直接决定阅卷人的第一印象，同样决定了你的试卷是否最能吸引阅卷人的眼球（图 5-13）。

5.2 景观快题设计考试案例分析

案例一：石灰窑改造公园设计

1. 任务书说明

（1）基地情况说明

基地位于江南某小城市市郊，离城市中心仅 10min 车程，基地三面环山，东侧有高速路出入口，总面积约为 23000m²。基地分为上下两层台地，4 座窑体贴着山崖耸立。下层台地有座现存建筑和 2 个池塘；上层为工作场地，有机动车道从南侧上山衔接。生产流程是卡车拉来石灰石送到上层平台，将一层石灰石、一层煤间隔着从顶部加入窑内，之后从窑底点火、鼓风，让石灰石的每层燃烧，最终石灰石爆裂成石灰粉，从窑底运出。目前该石灰窑已经被政府关停，将被改造成为免费的开放型公园（图 5-14）。

（2）设计要求

该公园主要满足市民近郊户外休闲，以游赏、观景为主，适当辅以其他休闲功能。建筑、道路、水体、绿地的布局和指标没有具体限制，但绿地率应较高。原有建筑均可拆除，窑体保留。宜在上下层台地各设置 1 座小型服务建筑（面积为 30 ～ 50m²），各配备 5 个小型停车位。下层台地还应考虑从二级公路进入的入口景观效果，设置一间厕所（面积位 40m²）以及自行车停车场等。应策划并规划使用功能、生态绿化、视觉景观、历史文化等方面的内容，方案应美观、大方。

（3）图纸要求

总平面图，比例尺 1 ∶ 500；

剖面图 1 到 2 个，比例尺 1 ∶ 300；

分析图若干，内容自定；

其他平、立、剖面图，小透视图若干。

（4）考试时间

3 个小时。

2. 任务书解读

（1）考题难点

① 对场地地形的理解——三面环山、基地被陡坡分为两层台地；

② 对应该保留和可保留的元素的处理；

③ 对基础性设计规范的掌握——服务建筑和厕所的设计，汽车和自行车停车位尺度。

（2）注意事项

① 做好两层台地的设计，思考两者的连接问题；

② 注意对陡坡的处理；

③ 两层台地交通规划设计、出入口位置选择；

④ 注意对现状石灰窑、池塘、建筑等的利用；

⑤ 对于场地地形的改造一定要合乎规范。

3. 快题案例及点评

方案一点评：该方案的总体布局不错，规划了较多不同

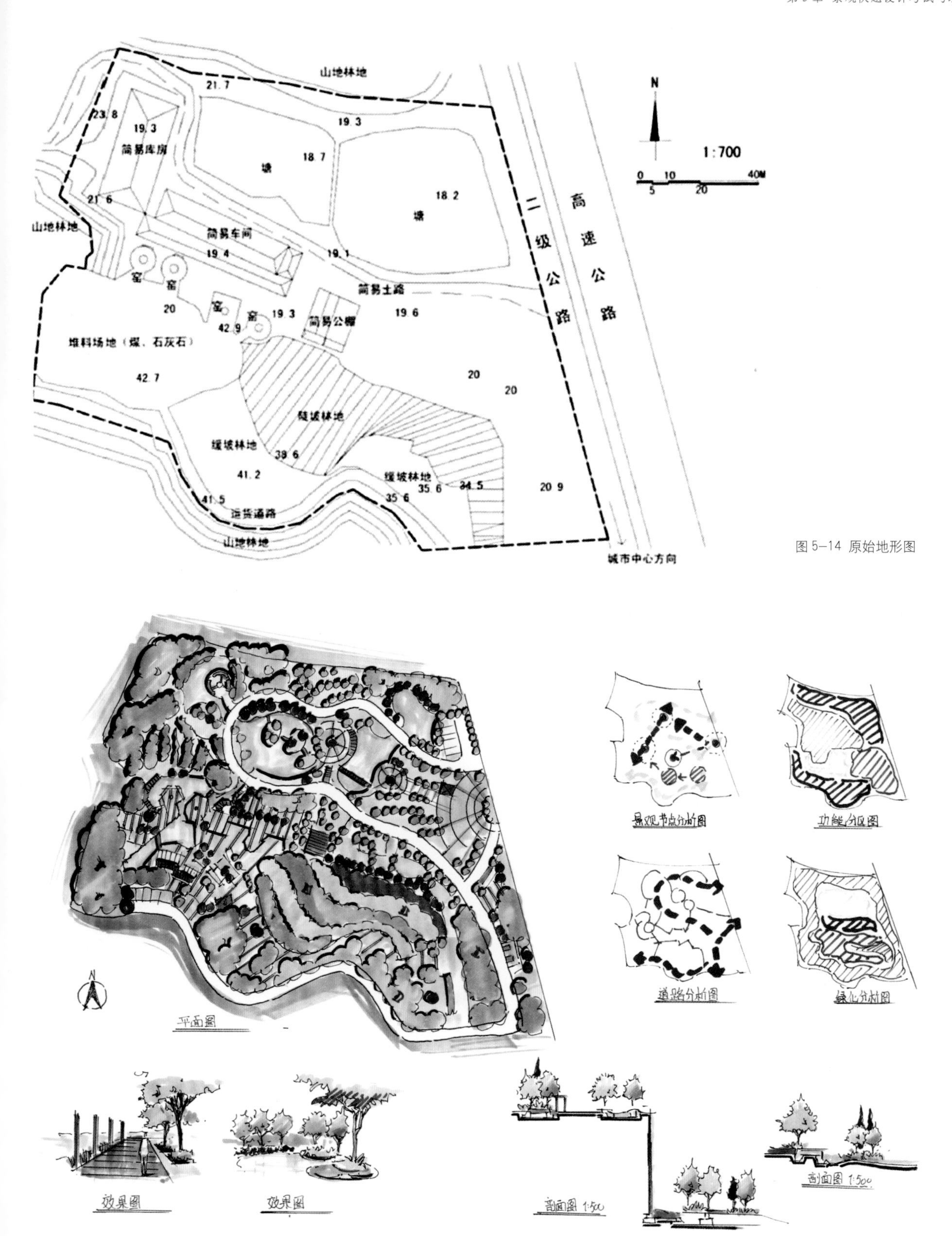

图 5-14 原始地形图

图 5-15 快题设计方案一

类型的空间，景观节点很丰富。利用两层台地之间的高差设计瀑布，是一个不错的思路。植物对于空间的围合和画法也有亮点。从该方案主路采用“Z”字形排布可以看出，该名考生考虑到了场地的特殊性，可惜的是，处理方法欠妥——南边那条连接上下两层台地的横路，从题目给出的高程数据可以判断，该“横路”的坡度是不符合设计标准的。池塘水面被分得太碎，木栈道的排布有待商榷（图 5-15）。

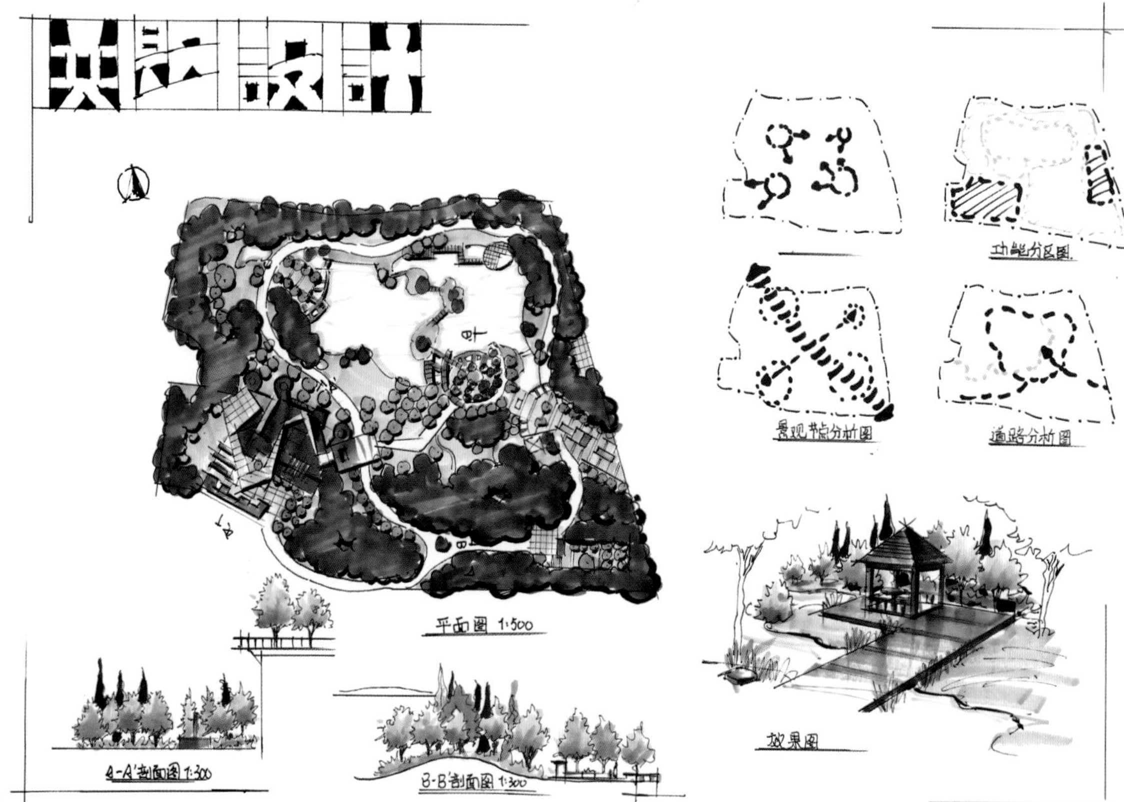

图 5-16 快题设计方案二

方案二点评：该方案的总体布局很好，显然是经过了较多的训练，无论手绘表达还是设计手法都比较成熟，如果不考虑场地的特殊地形，是一个不错的方案。可惜也在于此——方案与地形条件出现了脱节。连接两层平台间道路的坡度，必然是不符合设计规范的。另外，二层平台服务型建筑没有配套的停车场，一层平台停车场距离服务型建筑太远，没有看到自行车停车位，而这些都是任务书明确要求的内容，缺一不可。所以，图面表达得再好看，如果脱离了题目本身的实际情况和考题要求，就是一个不合格的设计（图 5-16）。

案例二：某行政中心前公园绿地设计

1. 任务书说明

（1）基地情况说明

①基地总面积为 16.2 万m²，A 地块占地面积 4.2 万m²，B 地块占地面积 12 万m²；

②基地北面为某市的政府大楼（详见基地现状图）（图 5-17）；

③基地现状内部有水塘，主要集中在 A 地块。

（2）设计要求

①基地设计以水景公园为主基调；

②基地内现有道路为城市支路，必须保留；

③可以在基地内的 B 地块安排适当的文化娱乐建筑，以满足市民休闲娱乐的需要；

④ A、B 地块统一设计。

（3）图纸要求

①总平面图一张，比例 1:1000；

②剖面图两张，比例 1:1000 或 1:500

③其他表现图、分析图若干；

④设计说明不少于 200 字。

（4）考试时间

6 个小时。

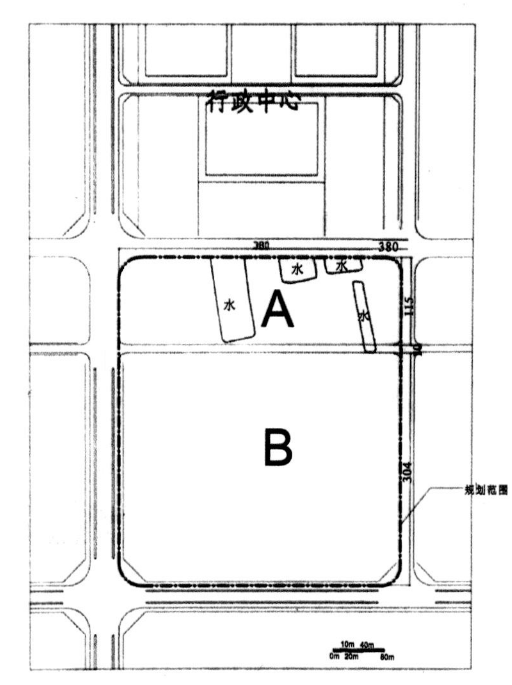

图 5-17 基地现状图

A 块场地南北长 115m，东西长 380m；B 块场地南北长 304m，东西长 380m；城市支路宽 10m

2. 任务书解读

（1）考题难点及注意事项

① 以水景为主题的公园景观，要求塑造优美、合理的水系体系；

② 处理好现状水体；

③ 城市支路必须保留；

④ 注意场地 A、B 块在功能、空间、交通、风格等方面的联系和统一。

3. 快题案例及点评

方案一点评：平面图结构较为完善，细节丰富，水体形态优美；具有自然式，也拥有规则式，风格类型丰富，两者融合较为自然，体现了独特的风格特征。不足之处在于，“Z”字形道路过长而无变化；空间过于零碎，缺乏主次变化和强弱对比；整体构图缺乏统一性（图 5-18）。

方案二点评：该方案通过圆形广场将 A、B 地块连接到一起，整体性较强，空间开合有序，局部空间较丰富，能够运用多种景观元素进行造景。但轴线运用生硬，基地南部与西部缺乏入口，应增加一两个入口较好（图 5-19）。

图 5–18 快题设计方案一

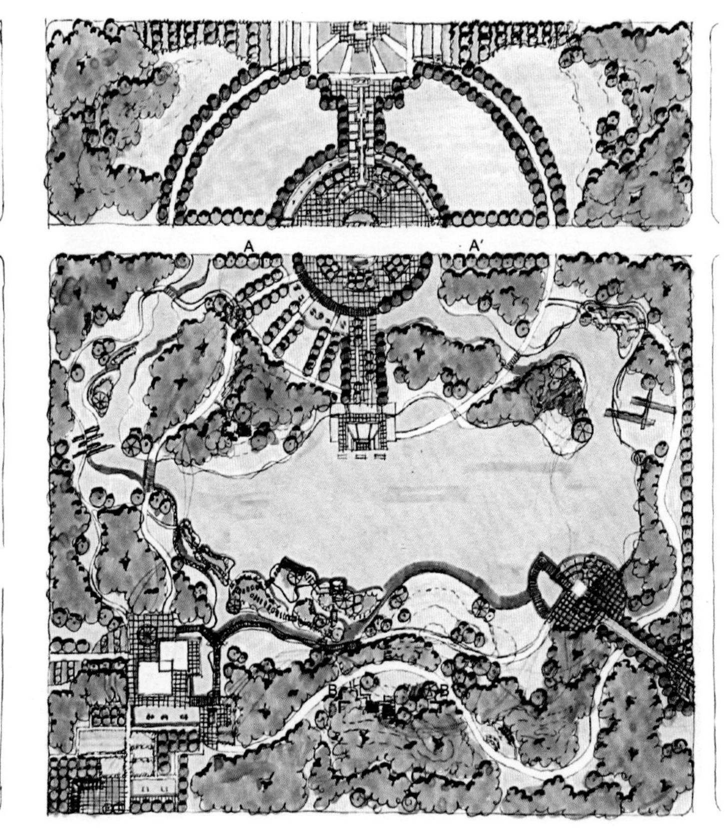

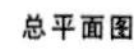

图 5–19 快题设计方案二

参考文献

书籍：

1.[美] 约翰·O·西蒙兹，巴里·W·斯塔克．景观设计学——场地规划与设计手册 [M]. 北京：中国建筑工业出版社，2009.

2.[美] 托马斯·H·罗斯．场地规划与设计手册 [M]. 北京：机械工业出版社，2005.

3.[美]格兰特·W·里德．园林景观设计——从概念到形式 [M]. 北京：中国建筑工业出版社，2010.

4.[美]诺·K·布思．风景园林设计要素 [M]. 北京：中国林业出版社，2007.

5. 蔡梁峰，吴晓华．分形景观空间设计 [M]. 南京：江苏凤凰科学技术出版社，2015.

6. 胡长龙．园林规划设计 [M]. 北京：中国农业出版社，2013.

7.[丹麦]扬·盖尔．交往与空间 [M]. 北京：中国建筑工业出版社，2002.

8. 刘滨谊．现代景观规划设计 [M]. 南京：东南大学出版社，2007.

9. [美] 尼古拉斯·T·丹尼斯，凯尔·D·布朗．景观设计师便携手册 [M]. 北京：中国建筑工业出版社，2003.

10. 张迎霞，林东栋．景观考研快题方案 [M]. 沈阳：辽宁科学技术出版社，2011.

11. 徐振，韩凌云．风景园林快题设计与表现 [M]. 沈阳：辽宁科学技术出版社，2009.

12. 刘志成．风景园林快速设计与表现 [M]. 北京：中国林业出版社，2012.

论文：

1. 胡立辉，李树华，刘剑，王之婧．乡土景观符号的提取与其在乡土景观中的应用 [J] 北京园林，2009.

2. 赵晶波．几何造型元素在景观设计中应用的研究 [D]. 沈阳建筑大学，2011.

3. 马强．传统装饰符号在现代建筑中的运用手法分析 [J]. 广西艺术学院学报，2006.

4. 田燕，姚时章．论大学校园交往空间的层次性 [J]. 重庆建筑大学学报（社科版）2001.

5. 臧玥．城市滨水空间要素整合研究 [D]. 同济大学建筑与城市规划学院，2008.

6. 戚宏．网师园的空间分析 [D]. 同济大学，2006.

7. 李黄山．中国古典园林理水艺术及其应用研究 [D]. 河南大学，2013.

8. 李曼．城市公园景观设计研究 [D]. 沈阳航空航天大学，2012.

9. 王涛．城市公园景观设计研究——以西安为例 [D]. 西安建筑科技大学，2003.

10. 王俊杰．我国城市公园景观设计方法初探 [D]. 苏州大学，2011.

11. 林颖．城市广场设计方法初探 [D]. 北京林业大学，2007.

12. 王光新．现代城市广场景观设计的研究 [D]. 安徽农业大学，2007.

13. 杨任骋．城市广场景观设计及功能 [D]. 山西大学，2007.

14. 姚华兵．武汉城市街头绿地景观设计初探 [D]. 华中科技大学，2010.

15. 李飞．论城市意向五要素在街头绿地设计中的应用 [J]. 广东园林，2010.

16. 朱亚楠．街头绿地的景观设计 [D]. 合肥工业大学，2007.

17. 付俐媛．城市街头绿地的规划设计探索 [J]. 科技视界，2012.

18. 吴冬蕾．国内现代居住区景观设计分析 [D]. 东南大学，2005.

19. 沈莉颖．城市居住区园林空间尺度研究 [D]. 北京林业大学，2012.

20. 陈鹭．城市居住区园林环境研究 [D]. 北京林业大学，2006.

21. 王健．城市居住区环境整体设计研究——规划·景观·建筑 [D]. 北京林业大学，2008.

22. 刘滨谊．风景园林三元论 [J]. 中国园林，2013.

23. 刘滨谊．城市滨水区发展的景观化思路与实践 [J]. 建筑学报，2007.

24. 李晓波．庭院景观设计研究 [D]. 河北农业大学，2013.

25. 徐苏海．庭院空间的景观设计研究 [D]. 南京林业大学，2005.

26. 李海霞．别墅庭院景观设计 [D]. 合肥工业大学，2009.

27. 涂慧君，张小星．大学校园规划、景观、建筑整体设计观念建构 [J]. 建筑技术及设计，2004.

28. 朱绚绚．大学校园景观的整体设计 [J]. 重庆大学，2009.

29. 余菲菲．当代大学校园景观设计研究 [D]. 西南交通大学，2009.

30. 吴劲松．新时代我国大学校园景观设计初探 [D]. 合肥工业大学

31. 王文菲．校园景观设计探析 [J]. 山西建筑，2008.

32. 李劲廷，蒲小东．浅谈景观构筑物在景观设计中的运用 [J]. 四川建筑，2009.

33. 傅立群．浅谈美学在园林水体设计中的应用 [J]. 技术与市场月刊，2007.

34. 何君善．水体设计与园林景观构成 [J]. 太原城市职业技术学院学报，2005.

规范：

1.《城市用地分类与规划建设用地标准》（GB50137-2011）

2．《住宅设计规范》（GB50096）

3．《建筑设计防火规范》（GB50016）

4．《高层民用建筑设计防火规范》（GB50045）

5.《种植屋面工程技术规程》（JGJ155-2013）

6.《汽车库建筑设计规范》（JGJ100-98）

7.《城市绿地分类标准》（CJJT85-2002）

设计项目与参与设计师：

北方某带状公园——主设计师：高奥奇 ；参与设计：范森

龙鼎生活城——主设计师：曹鹏辉；参与设计——刘晓霏

许昌市空港新城商业广场——主设计师：宋华龙

湖南岳阳润合花园售楼部前广场——主设计师：高奥奇；参与设计：范森

西安某星级酒店内庭——主设计师：宋华龙 ；参与设计：范森

江西瑞昌名门世家——主设计师：高奥奇；参与设计：范森

林州世纪花园——主设计师：曹鹏辉；参与设计：刘晓霏